大学数学同步练习与提高系列丛书

线性代数
同步练习与提高

主　编　郜向阳　朱荣平
副主编　刘国艳　许婷婷　李晓婷

江苏大学出版社
JIANGSU UNIVERSITY PRESS
镇　江

图书在版编目(CIP)数据

线性代数同步练习与提高 / 郜向阳，朱荣平主编
. — 镇江 ：江苏大学出版社，2022.8(2025.1 重印)
ISBN 978-7-5684-1851-5

Ⅰ. ①线… Ⅱ. ①郜… ②朱… Ⅲ. ①线性代数—高等学校—教学参考资料 Ⅳ. ①O151.2

中国版本图书馆 CIP 数据核字(2022)第 144783 号

线性代数同步练习与提高
Xianxing Daishu Tongbu Lianxi yu Tigao

主　　编/郜向阳　朱荣平
责任编辑/孙文婷
出版发行/江苏大学出版社
地　　址/江苏省镇江市京口区学府路 301 号(邮编：212013)
电　　话/0511-84446464(传真)
网　　址/http://press.ujs.edu.cn
排　　版/镇江市江东印刷有限责任公司
印　　刷/句容市排印厂
开　　本/787 mm×1 092 mm　1/16
印　　张/7
字　　数/84 千字
版　　次/2022 年 8 月第 1 版
印　　次/2025 年 1 月第 4 次印刷
书　　号/ISBN 978-7-5684-1851-5
定　　价/25.00 元

总　　序

大学数学系列课程(高等数学、线性代数、概率论与数理统计)是工科类、经管类等本科专业必修的公共基础课,部分工科专业还开设"复变函数与积分变换"等数学课程.这些课程的知识广泛应用于自然科学、社会科学、经济管理、工程技术等领域,其内容、思想与方法对培养各类人才的综合素质具有不可替代的作用.大学数学系列课程着重培养学生的抽象思维能力、逻辑推理能力、空间想象能力、观察判断能力,以及综合运用所学知识分析问题、解决问题的能力.同时,大学数学系列课程也是高校开展数学素质教育,培养学生的创新精神和创新能力的重要课程.

为帮助学生学好大学数学系列课程,提高学习效果,江苏大学京江学院数学教研室全体教师及部分长期在江苏大学京江学院从事数学教学的江苏大学本部教师,根据教育部高等学校大学数学课程教学指导委员会制定的最新的课程教学基本要求,集体讨论、充分酝酿、分工合作,认真组织编写了"大学数学同步练习与提高"系列丛书.本丛书共五册,分别为《高等数学同步练习与提高》《高等数学试卷集》《线性代数同步练习与提高》《概率统计同步练习与提高》和《复变函数与积分变换同步练习与提高》.这套丛书是江苏大学京江学院办学二十余年来大学数学课程教学的重要成果之一.

四册"同步练习与提高"根据编写组多年来在相应课程及其习题课方面的经验,在多年使用的课程练习册讲义的基础上,参考相关教学辅导书精心编写而成.该丛书针对当前普通高校本科学生的学习特点和知识结构,对课程内容按章节安排了主要知识点回顾和典型习题强化练习,在习题的选取上致力于对传统内容的更新、补充和层次化(其中打 * 的是要求高、灵活性大的综合题).除此之外,还按章配备了单元测试和模拟试卷(参考答案扫描二维码即可获得),其中高等数学模拟卷单独成册,以便学生打好基础,把握重点.四册"同步练习与提高"相对于教材具有一定的独立性,可作为本科生学习大学数学系列课程的同步练习,也可作为研究生入学考试备考时强化基础知识用书.四册"同步练习与提高"的主要特色在于一书三用:1.同步主要知识点,帮助学生总结知识,形成知识体系,具有知识总结的功能;2.精心编制与教学同步的习题,帮助学生强化课程基础知识与基本技能,具有练习册的功能；3.精心编制单元测试及课程模拟试卷，助力学生系统掌握课程内容，做好期末考试的复习准备.

《高等数学试卷集》主要由工科类专业学生学习的高等数学(A)上、高等数学(A)下和经管类专业学生学习的高等数学(B)上、高等数学(B)下期末模拟考试选编试题及近几年江苏大学京江学院高等数学竞赛真题汇编而成，共计 35 套试题.其中，模拟试卷是在历年期末考试试题的基础上，充分考虑知识点的覆盖面及最新题型后精心修订而成的.同时，以附录的形式介绍了江苏大学京江学院高等数学竞赛、江苏省高等数学竞赛、全国大学生数学竞赛三项与高等数学相关的赛事，以及江苏大学京江学院学生近几年在上述赛事中取得的优异成绩.本书可作为本科生同步学习及备考高等数学的复习用书，也可作为研究生入学考试备考时强化基础知识用书.其主要特色在于：1.模拟试题题型丰富，知识点覆盖全面，注重考查基本知识和基本技能，以及学生运用数学知识解决问题的能力，也兼顾了数学思想的考查；2.所有试题提供参考答案，方便学生使用；3.普及并推广了数学竞赛(校赛、省赛、国赛).

在"大学数学同步练习与提高"系列丛书编写过程中，我们参考了国内外众多学校编写的教学辅导书及兄弟学校期末、竞赛试题，融入自身的教学经验，结合实际，反复修改，力求使本丛书受到读者的欢迎.在编写与出版过程中，得到了江苏大学出版社领导的大力支持和帮助，得到了江苏大学京江学院领导的关心和指导，编辑张小琴、孙文婷、郑晨晖、苏春晶为丛书的编辑和出版付出了辛勤的劳动，在此一并表示衷心的感谢！由于编者水平有限，不妥之处在所难免，希望广大读者批评指正！

编　者

2022 年 7 月

线性代数模拟试卷

扫码查看参考答案

目　　录

班级______________ 姓名______________ 学号______________

第 1 章　行列式及克拉默法则

习题 1.1

一、主要知识点回顾

1. 二阶行列式 $D=\begin{vmatrix} a_{11} & a_{12} \\ a_{21} & a_{22} \end{vmatrix}=$______________(对角线法则).

2. 三阶行列式 $D=\begin{vmatrix} a_{11} & a_{12} & a_{13} \\ a_{21} & a_{22} & a_{23} \\ a_{31} & a_{32} & a_{33} \end{vmatrix}=$______________________________(对角线法则).

3. 标准次序;逆序;逆序数.

4. n 阶行列式定义为 $D=\sum(-1)^t a_{1p_1}a_{2p_2}\cdots a_{np_n}$,其中 t 为列标排列__________的逆序数;$D=\sum(-1)^\tau a_{q_1 1}a_{q_2 2}\cdots a_{q_n n}$,其中 τ 为行标排列__________的逆序数;n 阶行列式共有__________项.

5. 当 $n=1$ 时,一阶行列式 $|a_{11}|=$__________.注意不要与绝对值符号相混淆.

二、典型习题强化练习

1. 计算行列式:$\begin{vmatrix} 1 & 3 \\ 2 & 8 \end{vmatrix}=$________________,$\begin{vmatrix} 1 & 4 & 7 \\ 3 & 6 & 9 \\ 2 & 5 & 8 \end{vmatrix}=$________________.

2. (1) 已知 $\begin{vmatrix} k & 3 & 4 \\ -1 & k & 0 \\ 0 & k & 1 \end{vmatrix}=0$,则 $k=$__________________;

(2) 行列式 $\begin{vmatrix} a & 1 & 1 \\ 0 & -1 & 0 \\ 4 & a & a \end{vmatrix}>0$ 的充要条件是________________;

(3) n 阶上三角行列式 $D=\begin{vmatrix} a_{11} & a_{12} & \cdots & a_{1n} \\ 0 & a_{22} & \cdots & a_{2n} \\ \vdots & \vdots & \ddots & \vdots \\ 0 & 0 & \cdots & a_{nn} \end{vmatrix}=$________________________.

3. 在五阶行列式中，$a_{12}a_{23}a_{35}a_{41}a_{54}$与$a_{21}a_{12}a_{53}a_{34}a_{45}$这两项各取什么符号？

4. 若$(-1)^{\tau(i432k)+\tau(52j14)}a_{i5}a_{42}a_{3j}a_{21}a_{k4}$是五阶行列式$\det(a_{ij})$的一项，则$i,j,k$应为何值？此时该项的符号是什么？

5. 判断$a_{14}a_{23}a_{32}a_{41}$，$a_{11}a_{32}a_{23}a_{44}$，$a_{11}a_{24}a_{33}a_{44}$及$a_{31}a_{12}a_{43}a_{14}$是否为四阶行列式$D=\begin{vmatrix} a_{11} & a_{12} & a_{13} & a_{14} \\ a_{21} & a_{22} & a_{23} & a_{24} \\ a_{31} & a_{32} & a_{33} & a_{34} \\ a_{41} & a_{42} & a_{43} & a_{44} \end{vmatrix}$中的项.

6. 用行列式的定义证明：

(1) n 阶行列式 $D_1=\det(a_{ij})$ 中每个元素 a_{ij} 都乘以 b^{i-j} $(b\neq 0)$ 得行列式 D_2，证明：$D_1=D_2$；

(2) 设 n 阶行列式中有 n^2-n 个以上元素为零，证明该行列式为零.

7. 用行列式的定义计算行列式 $\begin{vmatrix} 0 & 1 & 0 & \cdots & 0 \\ 0 & 0 & 2 & \cdots & 0 \\ \vdots & \vdots & \vdots & & \vdots \\ 0 & 0 & 0 & \cdots & n-1 \\ n & 0 & 0 & \cdots & 0 \end{vmatrix}$.

班级______________ 姓名______________ 学号______________

习题 1.2

一、主要知识点回顾

1. 行列式 D 与它的转置行列式 D^{T} 相等，即______________________.

2. 互换行列式的两行(列)，行列式__________________；以 r_i 表示行列式的第 i 行，以 c_i 表示行列式的第 i 列，交换第 i,j 两行记作__________________，交换第 i,j 两列记作__________________.

3. 如果行列式有两行(列)完全相等，则行列式的值为__________________.

4. 行列式的某一行(列)中所有的元素都乘以同一数 k，等于__________________；第 i 行(列)乘以 k，记作__________________.

行列式中某一行(列)的所有元素的公因子可以提到行列式记号的外面；第 i 行(列)提出公因子 k，记作__________________.

5. 行列式中如果有两行(列)元素成比例，则行列式的值为________________.

6. 把行列式的某一行(列)的各元素乘以某一数，然后加到另一行(列)对应的元素上，行列式的值__________.以数 k 乘以第 j 行，然后加到第 i 行上，记作__________________；以数 k 乘以第 j 列，然后加到第 i 列上，记作__________________.

二、典型习题强化练习

1. 计算下列行列式：

(1) $\begin{vmatrix} 1 & 2 & 3 & 4 \\ 1 & 0 & 1 & 2 \\ 3 & -1 & -1 & 0 \\ 1 & 2 & 0 & -5 \end{vmatrix}$；

(2) $\begin{vmatrix} 2 & 1 & 1 & 1 \\ 1 & 2 & 1 & 1 \\ 1 & 1 & 2 & 1 \\ 1 & 1 & 1 & 2 \end{vmatrix}$；

(3) $\begin{vmatrix} a_0 & 1 & 1 & \cdots & 1 \\ 1 & a_1 & 0 & \cdots & 0 \\ 1 & 0 & a_2 & \cdots & 0 \\ \vdots & \vdots & \vdots & & \vdots \\ 1 & 0 & 0 & \cdots & a_n \end{vmatrix}$ $(a_0a_1\cdots a_n \neq 0)$.

2. 用行列式的性质证明：

(1) $\begin{vmatrix} a_1+kb_1 & b_1+c_1 & c_1 \\ a_2+kb_2 & b_2+c_2 & c_2 \\ a_3+kb_3 & b_3+c_3 & c_3 \end{vmatrix} = \begin{vmatrix} a_1 & b_1 & c_1 \\ a_2 & b_2 & c_2 \\ a_3 & b_3 & c_3 \end{vmatrix}$；

(2) $\begin{vmatrix} a_{11} & a_{12} & 0 & 0 \\ a_{21} & a_{22} & 0 & 0 \\ * & * & b_{11} & b_{12} \\ * & * & b_{21} & b_{22} \end{vmatrix} = \begin{vmatrix} a_{11} & a_{12} \\ a_{21} & a_{22} \end{vmatrix} \cdot \begin{vmatrix} b_{11} & b_{12} \\ b_{21} & b_{22} \end{vmatrix}$(其中“$*$”为任意数).

3. 解下列方程：

(1) $\begin{vmatrix} x & a_2 & 1 \\ a_1 & x & 1 \\ a_1 & a_2 & 1 \end{vmatrix} = 0$；

$$(2)\ \begin{vmatrix} 1 & 1 & \cdots & 1 & 1 \\ 1 & 2 & \cdots & n-1 & x \\ 1 & 2^2 & \cdots & (n-1)^2 & x^2 \\ \vdots & \vdots & & \vdots & \vdots \\ 1 & 2^{n-1} & \cdots & (n-1)^{n-1} & x^{n-1} \end{vmatrix}=0.$$

班级______________ 姓名______________ 学号______________

习题 1.3

一、主要知识点回顾

1. 在 n 阶行列式中，把元素 a_{ij} 所在的第 i 行和第 j 列划去后，留下来的 $n-1$ 阶行列式叫做元素 a_{ij} 的余子式，记作 M_{ij}；记 $A_{ij}=$__________ M_{ij}，A_{ij} 叫做元素 a_{ij} 的代数余子式.

2. 行列式按行(列)展开法则：

行列式任一行(列)的各元素与其对应的代数余子式乘积之和等于__________________，即当 $i=j$ 时，$\sum\limits_{k=1}^{n} a_{ki}A_{kj}=\sum\limits_{k=1}^{n} a_{ik}A_{jk}=$______________；

行列式某一行(列)的元素与另一行(列)的对应元素的代数余子式乘积之和等于________________________，即当 $i\neq j$ 时，$\sum\limits_{k=1}^{n} a_{ki}A_{kj}=\sum\limits_{k=1}^{n} a_{ik}A_{jk}=$______________.

二、典型习题强化练习

1. 求行列式 $\begin{vmatrix} -3 & 0 & 4 \\ 5 & 0 & 3 \\ 2 & -2 & 1 \end{vmatrix}$ 中元素 2 和 -2 的余子式和代数余子式.

2. 已知四阶行列式 D 中第 3 列元素依次为 $-1,2,0,1$，它们的余子式依次为 $5,3,-7,4$，则行列式 $D=$______________.

3. 已知四阶行列式 $\begin{vmatrix} 1 & -1 & 1 & -1 \\ 0 & 1 & 2 & 3 \\ 1 & 1 & 1 & 0 \\ 2 & 2 & 5 & 4 \end{vmatrix}$，求 $A_{41}-A_{42}+A_{43}-A_{44}$，$A_{11}-A_{12}+A_{13}-A_{14}$ 及 $A_{31}+A_{32}+A_{33}$ 的值.

4. 计算行列式 $D_4=\begin{vmatrix} 1 & -1 & 1 & x-1 \\ 1 & -1 & x+1 & -1 \\ 1 & x-1 & 1 & -1 \\ x+1 & -1 & 1 & -1 \end{vmatrix}$.

*5. 求证：$D_n=\begin{vmatrix} 2 & -1 & 0 & \cdots & 0 & 0 \\ -1 & 2 & -1 & \cdots & 0 & 0 \\ 0 & -1 & 2 & \cdots & 0 & 0 \\ \vdots & \vdots & \vdots & & \vdots & \vdots \\ 0 & 0 & 0 & \cdots & 2 & -1 \\ 0 & 0 & 0 & \cdots & -1 & 2 \end{vmatrix}=n+1$.

习题 1.4

一、主要知识点回顾

1. 克拉默法则：如果非齐次线性方程组 $\begin{cases} a_{11}x_1+a_{12}x_2+\cdots+a_{1n}x_n=b_1, \\ a_{21}x_1+a_{22}x_2+\cdots+a_{2n}x_n=b_2, \\ \cdots\cdots\cdots\cdots \\ a_{n1}x_1+a_{n2}x_2+\cdots+a_{nn}x_n=b_n \end{cases}$（$*$）的系数行列式 $D=\begin{vmatrix} a_{11} & a_{12} & \cdots & a_{1n} \\ a_{21} & a_{22} & \cdots & a_{2n} \\ \vdots & \vdots & & \vdots \\ a_{n1} & a_{n2} & \cdots & a_{nn} \end{vmatrix}\neq 0$，则方程组（$*$）一定有唯一解 $x_1=\dfrac{D_1}{D}, x_2=\dfrac{D_2}{D}, \cdots, x_n=\dfrac{D_n}{D}$，其中 $D_j\,(j=1,2,\cdots,n)$ 是把系数行列式 D 中第 j 列的元素用方程组右端的常数项代替后所得到的 n 阶行列式.

2. 方程组 $\begin{cases} a_{11}x_1+a_{12}x_2+\cdots+a_{1n}x_n=0, \\ a_{21}x_1+a_{22}x_2+\cdots+a_{2n}x_n=0, \\ \cdots\cdots\cdots\cdots \\ a_{n1}x_1+a_{n2}x_2+\cdots+a_{nn}x_n=0 \end{cases}$ 为方程组（$*$）对应的齐次线性方程组.

若齐次线性方程组的系数行列式 $D\neq 0$，则齐次线性方程组________；若齐次线性方程组有________，则齐次线性方程组的系数行列式 $D=0$.

二、典型习题强化练习

1. 求 a,b，使齐次线性方程组 $\begin{cases} ax+y+z=0, \\ x+by+z=0, \\ x+2by+z=0 \end{cases}$ 有非零解.

2. 问 λ 取何值时，齐次线性方程组 $\begin{cases}(1-\lambda)x_1-2x_2+4x_3=0,\\2x_1+(3-\lambda)x_2+x_3=0,\\x_1+x_2+(1-\lambda)x_3=0\end{cases}$ 只有零解？

3. 用克拉默法则解线性方程组 $\begin{cases}x_2+x_3+x_4=1,\\x_1+x_3+x_4=2,\\x_1+x_2+x_4=3,\\x_1+x_2+x_3=4.\end{cases}$

班级__________ 姓名__________ 学号__________

单元测试 1

1. 设自然数从小到大为标准次序，则排列 14532 的逆序数为________，排列 235164 的逆序数为________.

2. 在六阶行列式中，$a_{23}a_{42}a_{31}a_{56}a_{14}a_{65}$这一项的符号为________.

3. 若 $D=\begin{vmatrix} a_{11} & a_{12} & a_{13} \\ a_{21} & a_{22} & a_{23} \\ a_{31} & a_{32} & a_{33} \end{vmatrix}=1$，则 $D_1=\begin{vmatrix} 4a_{11} & 2a_{11}-3a_{12} & a_{13} \\ 4a_{21} & 2a_{21}-3a_{22} & a_{23} \\ 4a_{31} & 2a_{31}-3a_{32} & a_{33} \end{vmatrix}=$__________.

4. 在函数 $f(x)=\begin{vmatrix} x & x & 1 & 0 \\ 1 & x & 2 & 3 \\ 2 & 3 & x & 2 \\ 1 & 1 & 2 & x \end{vmatrix}$中，$x^3$ 的系数是________.

5. 四阶行列式的展开式中，含有因子 a_{32}的项共有________个.

6. 方程$\begin{vmatrix} 1 & 1 & 2 & 3 \\ 1 & 2-x^2 & 2 & 3 \\ 2 & 3 & 1 & 5 \\ 2 & 3 & 1 & 9-x^2 \end{vmatrix}=0$ 的根为________.

7. 计算下列行列式：

(1) $\begin{vmatrix} 2 & 0 & 1 \\ 1 & -4 & -1 \\ -1 & 8 & 3 \end{vmatrix}$；

(2) $\begin{vmatrix} 1 & 1 & 1 & 1 \\ a & b & c & d \\ a^2 & b^2 & c^2 & d^2 \\ a^3 & b^3 & c^3 & d^3 \end{vmatrix}$.

8. 设行列式 $D=\begin{vmatrix} 1 & -5 & 1 & 3 \\ 1 & 1 & 3 & 4 \\ 1 & 1 & 2 & 3 \\ 1 & 2 & 2 & 4 \end{vmatrix}$,计算 $A_{11}+A_{21}+A_{31}+A_{41}$ 及 $A_{41}+A_{42}+A_{43}+A_{44}$.

9. 当 λ 为何值时,齐次线性方程组 $\begin{cases}(1-\lambda)x_1-2x_2+4x_3=0, \\ 2x_1+(3-\lambda)x_2+x_3=0, \\ x_1+x_2+(1-\lambda)x_3=0\end{cases}$ 有非零解?

第 2 章 矩阵及其运算

习题 2.1

一、主要知识点回顾

1. 矩阵的定义及表示.

2. 特殊矩阵：

(1) 行矩阵、列矩阵；

(2) 零矩阵；

(3) 行数和列数相等的矩阵称为方阵，记为 $\boldsymbol{A}_n$；

(4) 不在主对角线上的元素全为零的矩阵，即形如＿＿＿＿＿＿＿＿＿＿的矩阵称为对角矩阵，记为 $\mathrm{diag}(a_{11},a_{22},\cdots,a_{nn})$；

(5) 主对角线上的元素全部相等的对角矩阵称为数量矩阵，即＿＿＿＿＿＿＿＿＿＿；

(6) 单位矩阵 $\boldsymbol{E}_n$；

(7) 上三角形矩阵、下三角形矩阵.

3. 如果两个矩阵的行数与列数分别相同，那么称这两个矩阵为＿＿＿＿＿＿＿＿.

4. 方阵 $\boldsymbol{A}$ 的行列式记作 $|\boldsymbol{A}|$ 或 $\det \boldsymbol{A}$.

二、典型习题强化练习

1. 设两个矩阵 $\boldsymbol{A}=\begin{pmatrix}1 & 1+x\\ 1-x & 3\\ 2 & 2z\end{pmatrix}$，$\boldsymbol{B}=\begin{pmatrix}1 & 3\\ -1 & 2+y\\ 2 & 2\end{pmatrix}$，已知 $\boldsymbol{A}=\boldsymbol{B}$，求 x,y,z 的值.

2. 求方阵 $\boldsymbol{A}=\begin{pmatrix} 1 & 0 & 1 \\ 2 & 1 & 0 \\ -3 & 2 & -5 \end{pmatrix}$ 的行列式.

班级______________ 姓名______________ 学号______________

习题 2.2

一、主要知识点回顾

1. 矩阵的线性运算：

(1) 设有两个 $m\times n$ 矩阵 $\boldsymbol{A}=(a_{ij})_{m\times n}$，$\boldsymbol{B}=(b_{ij})_{m\times n}$，称 $m\times n$ 矩阵 $\boldsymbol{C}=$______________为矩阵 $\boldsymbol{A}$，$\boldsymbol{B}$ 的和.

(2) 设矩阵 $\boldsymbol{A}=\begin{pmatrix} a_{11} & a_{12} & \cdots & a_{1n} \\ a_{21} & a_{22} & \cdots & a_{2n} \\ \vdots & \vdots & & \vdots \\ a_{m1} & a_{m2} & \cdots & a_{mn} \end{pmatrix}$，$k$ 是一个实数，则 $k\boldsymbol{A}=$______________________；当 $k=-1$ 时，得到的矩阵 $-\boldsymbol{A}$ 称为矩阵 $\boldsymbol{A}$ 的____________.

2. 设 $\boldsymbol{A}=(a_{ij})_{m\times s}$ 是 $m\times s$ 矩阵，$\boldsymbol{B}=(b_{ij})_{s\times n}$ 是 $s\times n$ 矩阵，则矩阵 $\boldsymbol{A}$ 与 $\boldsymbol{B}$ 的乘积是一个 $m\times n$ 矩阵 $\boldsymbol{C}=(c_{ij})_{m\times n}$，其中 $c_{ij}=$____.

3. 方阵的幂：

(1) 设 $\boldsymbol{A}$ 是 n 阶方阵，k 个 $\boldsymbol{A}$ 相乘，记作 $\boldsymbol{A}^k=\underbrace{\boldsymbol{A}\cdot\boldsymbol{A}\cdot\boldsymbol{A}\cdot\cdots\cdot\boldsymbol{A}}_{k\text{个}\boldsymbol{A}}$；

(2) $|\boldsymbol{A}^m|=$____________，$|k\boldsymbol{A}|=$____________.

4. 转置矩阵：矩阵 $\boldsymbol{A}$ 的转置记为 $\boldsymbol{A}^{\mathrm{T}}$.

转置矩阵具有以下性质：$(\boldsymbol{A}^{\mathrm{T}})^{\mathrm{T}}=$____________；$(\boldsymbol{A}+\boldsymbol{B})^{\mathrm{T}}=$______________；$(k\boldsymbol{A})^{\mathrm{T}}=$____________；$(\boldsymbol{A}\boldsymbol{B})^{\mathrm{T}}=$____________；$|\boldsymbol{A}^{\mathrm{T}}|=$____________.

5. 对称矩阵与反对称矩阵：设 $\boldsymbol{A}$ 是 n 阶方阵，若____________________，则 $\boldsymbol{A}$ 是对称矩阵；若____________________，则 $\boldsymbol{A}$ 是反对称矩阵.

6. 伴随矩阵：设 $\boldsymbol{A}$ 是 n 阶方阵，则 $\boldsymbol{A}$ 的伴随矩阵 $\boldsymbol{A}^*=$________________________，其中元素 A_{ij} 是行列式 $|\boldsymbol{A}|$ 中元素 a_{ij} 的______________，且 $\boldsymbol{A}\boldsymbol{A}^*=\boldsymbol{A}^*\boldsymbol{A}=$________________.

二、典型习题强化练习

1. 已知矩阵 $\boldsymbol{A}_{2\times3}$，$\boldsymbol{B}_{2\times3}$，$\boldsymbol{C}_{3\times3}$，下列矩阵运算可行的是（　　）.

A. $\boldsymbol{AC}$　　B. $\boldsymbol{ABC}$　　C. $\boldsymbol{BAC}$　　D. $\boldsymbol{AB}-\boldsymbol{AC}$

2. 下列命题一定成立的是（　　）.

A. 若 $\boldsymbol{AB}=\boldsymbol{AC}$，则 $\boldsymbol{B}=\boldsymbol{C}$　　B. 若 $\boldsymbol{AB}=\boldsymbol{O}$，则 $\boldsymbol{A}=\boldsymbol{O}$，$\boldsymbol{B}=\boldsymbol{O}$

C. 若 $\boldsymbol{A}\neq\boldsymbol{O}$，则 $|\boldsymbol{A}|\neq0$　　D. 若 $|\boldsymbol{A}|\neq0$，则 $\boldsymbol{A}\neq\boldsymbol{O}$

3. 已知 $\boldsymbol{A}=\begin{pmatrix} 1 & 1 & 1 \\ 1 & 1 & 1 \\ 2 & 2 & 2 \end{pmatrix}$，则 $\boldsymbol{A}^k=$（　　）.

A. $2^k\boldsymbol{A}$　　B. $4^k\boldsymbol{A}$　　C. $4^{k-1}\boldsymbol{A}$　　D. $4^{k+1}\boldsymbol{A}$

4. 设 $\boldsymbol{A}$ 是 n 阶方阵，$\boldsymbol{A}^*$ 是 $\boldsymbol{A}$ 的伴随矩阵，则 $|\boldsymbol{A}^*|=$（　　）.

A. $|\boldsymbol{A}|$　　B. $|\boldsymbol{A}^{-1}|$　　C. $|\boldsymbol{A}^{n-1}|$　　D. $|\boldsymbol{A}^n|$

5. 设 $\boldsymbol{A}$ 是 n 阶方阵，且 $|\boldsymbol{A}|=k\neq 0$，则 $|-\boldsymbol{A}|=$ ________________，$|\boldsymbol{A}^{\mathrm{T}}|=$ ________________，$|\boldsymbol{A}^{\mathrm{T}}\boldsymbol{A}|=$ ________________，$|k\boldsymbol{A}^*|=$ ________________，$|\boldsymbol{A}\boldsymbol{A}^*|=$ ________________.

6. 设 $\boldsymbol{A}=\begin{pmatrix}1&2&1&2\\2&1&2&1\\1&2&3&4\end{pmatrix}$，$\boldsymbol{B}=\begin{pmatrix}4&3&3&1\\-2&1&-2&1\\0&-1&0&-1\end{pmatrix}$，

(1) 求 $2\boldsymbol{A}+3\boldsymbol{B}$；

(2) 若 $\boldsymbol{X}$ 满足 $2\boldsymbol{A}+3\boldsymbol{X}=\boldsymbol{B}$，求 $\boldsymbol{X}$.

7. 计算：

(1) $\begin{pmatrix}3&-2\\5&-4\end{pmatrix}\begin{pmatrix}3&4\\2&5\end{pmatrix}$；

(2) $\begin{pmatrix}1&2&3\\-2&1&2\end{pmatrix}\begin{pmatrix}1&2&0\\0&1&1\\3&0&-1\end{pmatrix}$.

8. 设 $\boldsymbol{A}=\begin{pmatrix}3&2&1\\1&2&2\\3&4&3\end{pmatrix}$ 是三阶方阵，求伴随矩阵 $\boldsymbol{A}^*$.

习题 2.3

一、主要知识点回顾

1. 逆矩阵的概念:设 $\boldsymbol{A}$ 是 n 阶方阵,如果存在一个 n 阶方阵 $\boldsymbol{B}$,使得______________,则称 $\boldsymbol{A}$ 是可逆的,且____________________.

2. 逆矩阵的性质:

(1) 若 $\boldsymbol{A}$ 可逆,则 $\boldsymbol{A}^{-1}$ 也可逆,且 $(\boldsymbol{A}^{-1})^{-1}=$__________;

(2) 若 $\boldsymbol{A}$ 可逆,实数 $\lambda\neq0$,则 $\lambda\boldsymbol{A}$ 也可逆,且 $(\lambda\boldsymbol{A})^{-1}=$__________;

(3) 若 $\boldsymbol{A}$ 可逆,则 $\boldsymbol{A}^{\mathrm{T}}$ 也可逆,且 $(\boldsymbol{A}^{\mathrm{T}})^{-1}=$__________;

(4) 若同阶方阵 $\boldsymbol{A},\boldsymbol{B}$ 都可逆,则 $\boldsymbol{AB}$ 也可逆,且 $(\boldsymbol{AB})^{-1}=$__________;

(5) 若 $\boldsymbol{A}$ 可逆,则 $|\boldsymbol{A}^{-1}|=$__________.

3. 矩阵 $\boldsymbol{A}$ 可逆的充要条件为______________;当 $\boldsymbol{A}$ 可逆时,$\boldsymbol{A}^{-1}=$______________.

二、典型习题强化练习

1. 判断下列说法是否正确:

(1) 若 $\boldsymbol{A},\boldsymbol{B}$ 均为 n 阶可逆方阵,则 $\boldsymbol{A}+\boldsymbol{B}$ 也可逆,且 $(\boldsymbol{A}+\boldsymbol{B})^{-1}=\boldsymbol{A}^{-1}+\boldsymbol{B}^{-1}$. ( )

(2) 若 $\boldsymbol{A}$ 是不可逆方阵,则必有 $\boldsymbol{A}=\boldsymbol{0}$. ( )

(3) 若 $\boldsymbol{A}$ 为 n 阶方阵,且 $\boldsymbol{A}\neq\boldsymbol{0}$,则 $\boldsymbol{A}$ 可逆. ( )

(4) 若 $\boldsymbol{A},\boldsymbol{B}$ 均为 n 阶方阵,且 $\boldsymbol{A}$ 或 $\boldsymbol{B}$ 不可逆,则 $\boldsymbol{AB}$ 必不可逆. ( )

(5) 若由 $\boldsymbol{AB}=\boldsymbol{AC}$ 必能推出 $\boldsymbol{B}=\boldsymbol{C}$($\boldsymbol{A},\boldsymbol{B},\boldsymbol{C}$ 均为 n 阶方阵),则必有 $|\boldsymbol{A}|\neq0$. ( )

2. 设 $\boldsymbol{A}^{-1}=\begin{pmatrix}2&4\\6&8\end{pmatrix}$,则 $\boldsymbol{A}=$__________,$|4\boldsymbol{A}^{-1}|=$__________,$(\boldsymbol{A}^{\mathrm{T}})^{-1}=$__________,$|\boldsymbol{A}|=$__________,$|\boldsymbol{A}^{*}|=$__________.

3. 设 $\boldsymbol{A}$ 为 n 阶矩阵,满足 $\boldsymbol{A}^2-3\boldsymbol{A}-10\boldsymbol{E}=\boldsymbol{O}$,则 $\boldsymbol{A}^{-1}=$__________,$(\boldsymbol{A}-4\boldsymbol{E})^{-1}=$__________.

4. 设 $\boldsymbol{A}$ 为 n 阶可逆矩阵,则下列运算中正确的是( ).

A. $(2\boldsymbol{A})^{\mathrm{T}}=2\boldsymbol{A}^{\mathrm{T}}$ B. $(3\boldsymbol{A})^{-1}=3\boldsymbol{A}^{-1}$

C. $(((\boldsymbol{A})^{\mathrm{T}})^{\mathrm{T}})^{-1}=(((\boldsymbol{A})^{-1})^{-1})^{\mathrm{T}}$ D. $(\boldsymbol{A}^{-1})^{\mathrm{T}}=\boldsymbol{A}$

5. 设 $\boldsymbol{A}=\begin{pmatrix}1&2&3\\2&2&1\\3&4&3\end{pmatrix}$,$\boldsymbol{B}=\begin{pmatrix}2&1\\5&3\end{pmatrix}$,$\boldsymbol{C}=\begin{pmatrix}1&3\\2&0\\3&1\end{pmatrix}$ 且满足 $\boldsymbol{AXB}=\boldsymbol{C}$,求 $\boldsymbol{X}$.

6. 求方阵$\begin{pmatrix}1 & 1 & -1\\2 & 1 & 0\\1 & -1 & 0\end{pmatrix}$的逆矩阵.

7. 设 $\boldsymbol{A}$ 为三阶方阵，$|\boldsymbol{A}|=\dfrac{1}{2}$，求 $|(2\boldsymbol{A})^{-1}-5\boldsymbol{A}^*|$.

8. 设 $\boldsymbol{A}$ 和 $\boldsymbol{B}$ 均为 n 阶方阵，且 $\boldsymbol{A}=\dfrac{1}{2}(\boldsymbol{B}+\boldsymbol{E})$，证明：$\boldsymbol{A}^2=\boldsymbol{A}$ 当且仅当 $\boldsymbol{B}^2=\boldsymbol{E}$.

班级________ 姓名________ 学号________

单元测试 2

1. 填空：

(1) 设 $\boldsymbol{A}=\begin{pmatrix}1&2&0\\2&2&0\\3&4&5\end{pmatrix}$，$\boldsymbol{A}^*$ 是 $\boldsymbol{A}$ 的伴随矩阵，则 $(\boldsymbol{A}^*)^{-1}=$ ________，$|\boldsymbol{A}^*|=$ ________.

(2) 设 $\boldsymbol{A}$ 是三阶矩阵，$|\boldsymbol{A}|=\frac{1}{2}$，则 $\left|\left(\frac{1}{3}\boldsymbol{A}\right)^{-1}-\frac{1}{2}\boldsymbol{A}^*\right|=$ ________.

2. 设 $\boldsymbol{A}=\begin{pmatrix}1&1&1\\1&1&-1\\1&-1&1\end{pmatrix}$，$\boldsymbol{B}=\begin{pmatrix}1&2&3\\-1&-2&4\\0&5&1\end{pmatrix}$，求 $3\boldsymbol{AB}-2\boldsymbol{A}$.

3. 计算下列矩阵的乘积：

(1) $\begin{pmatrix}3&2\\-1&4\\5&1\end{pmatrix}\begin{pmatrix}1&8&-1\\2&0&3\end{pmatrix}$；

(2) $\begin{pmatrix}2\\2\\-1\\0\end{pmatrix}(1\quad -1\quad 2\quad 1)$.

4. 设 $\boldsymbol{A}=\begin{pmatrix}1 & 2\\1 & 3\end{pmatrix}$，$\boldsymbol{B}=\begin{pmatrix}1 & 0\\1 & 2\end{pmatrix}$，问：(1) $\boldsymbol{AB}=\boldsymbol{BA}$ 吗？(2) $(\boldsymbol{A}+\boldsymbol{B})^2=\boldsymbol{A}^2+2\boldsymbol{AB}+\boldsymbol{B}^2$ 吗？(3) $(\boldsymbol{A}+\boldsymbol{B})(\boldsymbol{A}-\boldsymbol{B})=\boldsymbol{A}^2-\boldsymbol{B}^2$ 吗？

5. 求矩阵 $\begin{pmatrix}3 & 2 & 1\\1 & 1 & 1\\1 & 0 & 1\end{pmatrix}$ 的逆矩阵.

6. 设 $\boldsymbol{A}=\begin{pmatrix}1 & 0\\ \lambda & 1\end{pmatrix}$,求 $\boldsymbol{A}^2,\boldsymbol{A}^3,\cdots,\boldsymbol{A}^k$.

7. 设 $\boldsymbol{\alpha}=\begin{pmatrix}2\\ 1\\ -3\end{pmatrix}$,$\boldsymbol{\beta}=\begin{pmatrix}1\\ 2\\ 4\end{pmatrix}$,$\boldsymbol{A}=\boldsymbol{\alpha}\boldsymbol{\beta}^{\mathrm{T}}$,求 $\boldsymbol{A}^{100}$.

8. 已知 $\boldsymbol{A}-\boldsymbol{E}$ 可逆，且 $\boldsymbol{A}\boldsymbol{X}+\boldsymbol{E}=\boldsymbol{A}^2+\boldsymbol{X}$，求 $\boldsymbol{X}$.

班级______________ 姓名______________ 学号______________

第 3 章　向量组的线性相关性和秩

习题 3.1

一、主要知识点回顾

1. 向量的概念：n 个数 $a_1,a_2,a_3,\cdots,a_n$ 所组成的有序数组称为 n 维向量，记为$(a_1,a_2,a_3,\cdots,a_n)$或____________________.

2. 向量相等：设 $\boldsymbol{\alpha}=(a_1,a_2,a_3,\cdots,a_n)^{\mathrm{T}}$，$\boldsymbol{\beta}=(b_1,b_2,b_3,\cdots,b_n)^{\mathrm{T}}$ 都是 n 维向量，当且仅当它们各个对应的分量都相等，即 $a_i=b_i\ (i=1,2,3,\cdots,n)$时，称 $\boldsymbol{\alpha}$ 与 $\boldsymbol{\beta}$ 相等，记作__________.

3. 向量的线性运算：加减法；数与向量的乘法.

二、典型习题强化练习

1. 填空：

(1) 设 $\boldsymbol{\alpha}=(1,1,0)^{\mathrm{T}}$，$\boldsymbol{\beta}=(0,1,1)^{\mathrm{T}}$，则 $\boldsymbol{\alpha}-\boldsymbol{\beta}=$__________，$3\boldsymbol{\alpha}+2\boldsymbol{\beta}=$__________；

(2) 设 $\boldsymbol{\alpha}=(1,0,-1,2)^{\mathrm{T}}$，$\boldsymbol{\beta}=(-1,2,1,0)^{\mathrm{T}}$，且 $\boldsymbol{\alpha}-\boldsymbol{\gamma}=\boldsymbol{\gamma}-3\boldsymbol{\beta}$，则 $\boldsymbol{\gamma}=$______________.

2. 设 $3(\boldsymbol{\alpha}_1-\boldsymbol{\alpha})+2(\boldsymbol{\alpha}_2+\boldsymbol{\alpha})=5(\boldsymbol{\alpha}_3+\boldsymbol{\alpha})$，其中 $\boldsymbol{\alpha}_1=(2,5,1,3)^{\mathrm{T}}$，$\boldsymbol{\alpha}_2=(10,1,5,10)^{\mathrm{T}}$，$\boldsymbol{\alpha}_3=(4,1,-1,1)^{\mathrm{T}}$，求 $\boldsymbol{\alpha}$.

习题 3.2

一、主要知识点回顾

1.线性组合的定义:对于给定的向量组 $A:\boldsymbol{\alpha}_1,\boldsymbol{\alpha}_2,\cdots,\boldsymbol{\alpha}_m$ 和向量 $\boldsymbol{\beta}$,如果存在一组数 $\lambda_1,\lambda_2,\cdots,\lambda_m$,使__________________________,则称向量 $\boldsymbol{\beta}$ 是向量组 A 的一个线性组合,或称 $\boldsymbol{\beta}$ 可以由向量组 A 线性表示.

2. 线性相关性:给定向量组 $A:\boldsymbol{\alpha}_1,\boldsymbol{\alpha}_2,\cdots,\boldsymbol{\alpha}_m$,如果存在一组不全为零的数 $k_1,k_2,\cdots,k_m$,使得__________________________,则称向量组 A 线性相关,否则称向量组 A 线性无关.

3. 向量组 $\boldsymbol{\alpha}_1,\boldsymbol{\alpha}_2,\cdots,\boldsymbol{\alpha}_m(m\geqslant 2)$ 线性相关的充要条件是:其中至少有一个向量可以用其余 $m-1$ 个向量________________.

4. 向量组 $\boldsymbol{\alpha}_1,\boldsymbol{\alpha}_2,\cdots,\boldsymbol{\alpha}_m$ 线性无关,而向量组 $\boldsymbol{\alpha}_1,\boldsymbol{\alpha}_2,\cdots,\boldsymbol{\alpha}_m,\boldsymbol{\beta}$ 线性相关,则 $\boldsymbol{\beta}$ 能由_______________________线性表示,且表示式唯一.

5. 若 $\boldsymbol{\alpha}_1,\boldsymbol{\alpha}_2,\cdots,\boldsymbol{\alpha}_r$ 线性相关,则向量组 $\boldsymbol{\alpha}_1,\boldsymbol{\alpha}_2,\cdots,\boldsymbol{\alpha}_r,\cdots,\boldsymbol{\alpha}_n$ 必__________________,即若部分相关,则整体相关;含有零向量的向量组必____________;线性无关的向量组的任一部分组必______________,即若整体无关,则部分无关.

6. 设有两个向量组 A:$\boldsymbol{\alpha}_j=(a_{1j},a_{2j},\cdots,a_{rj})^{\mathrm{T}}$, $j=1,2,\cdots,s$, B:$\boldsymbol{\beta}_j=(a_{1j},a_{2j},\cdots,a_{rj},a_{r+1,j})^{\mathrm{T}}$,$j=1,2,\cdots,s$,若向量组 A 线性无关,则向量组 B 必________________.因此,r 维向量组的每个向量添上 $n-r$ 个分量,成为 n 维向量组,若 r 维向量组线性无关,则 n 维向量组必______________.反之,若 n 维向量组线性相关,则 r 维向量组必______________.

7. 在一个向量组中,对各向量的分量的位置作同样的调换,不改变向量组的____________.

8. n 个 n 维向量构成的向量组线性相关的充要条件是:这些向量构成的行列式的值等于__________.

9. m 个 n 维向量构成的向量组 A,当 $m>n$ 时,向量组 A 必__________________.

二、典型习题强化练习

1. 设 $\boldsymbol{\beta}_1=2\boldsymbol{\alpha}_1-\boldsymbol{\alpha}_2,\boldsymbol{\beta}_2=\boldsymbol{\alpha}_1+\boldsymbol{\alpha}_2,\boldsymbol{\beta}_3=-\boldsymbol{\alpha}_1+3\boldsymbol{\alpha}_2$,验证 $\boldsymbol{\beta}_1,\boldsymbol{\beta}_2,\boldsymbol{\beta}_3$ 线性相关.

班级______________ 姓名______________ 学号______________

2. 设向量组 $\boldsymbol{\alpha}_1,\boldsymbol{\alpha}_2,\boldsymbol{\alpha}_3$ 线性无关，令 $\boldsymbol{\beta}_1=\boldsymbol{\alpha}_1+2\boldsymbol{\alpha}_2,\boldsymbol{\beta}_2=2\boldsymbol{\alpha}_2+3\boldsymbol{\alpha}_3,\boldsymbol{\beta}_3=\boldsymbol{\alpha}_1+3\boldsymbol{\alpha}_3$，证明：向量组 $\boldsymbol{\beta}_1,\boldsymbol{\beta}_2,\boldsymbol{\beta}_3$ 线性无关.

3. 已知向量组 $\boldsymbol{\alpha}_1=(k,2,1)^{\mathrm{T}}$，$\boldsymbol{\alpha}_2=(2,k,0)^{\mathrm{T}}$，$\boldsymbol{\alpha}_3=(1,-1,1)^{\mathrm{T}}$，求 k 为何值时，向量组 $\boldsymbol{\alpha}_1,\boldsymbol{\alpha}_2,\boldsymbol{\alpha}_3$ 线性相关？当 k 为何值时，$\boldsymbol{\alpha}_1,\boldsymbol{\alpha}_2,\boldsymbol{\alpha}_3$ 线性无关？

班级__________ 姓名__________ 学号__________

习题 3.3—3.4

一、主要知识点回顾

1. 如果向量组 B 可以由向量组 A 线性表示，且向量组 A 可以由向量组 B 线性表示，则称向量组 A 与向量组 B __________.

2. 向量组之间等价关系的性质：(1) 自反性；(2) 对称性；(3) 传递性.

3. 设有两个 n 维向量组 $A:\boldsymbol{\alpha}_1,\boldsymbol{\alpha}_2,\cdots,\boldsymbol{\alpha}_r$，$B:\boldsymbol{\beta}_1,\boldsymbol{\beta}_2,\cdots,\boldsymbol{\beta}_s$，若 A 组线性无关，且 A 组可以由 B 组线性表示，则 r 与 s 的大小关系为________；若向量组 $A:\boldsymbol{\alpha}_1,\boldsymbol{\alpha}_2,\cdots,\boldsymbol{\alpha}_r$ 可以由向量组 $B:\boldsymbol{\beta}_1,\boldsymbol{\beta}_2,\cdots,\boldsymbol{\beta}_s$ 线性表示，且 $r>s$，则向量组 $A:\boldsymbol{\alpha}_1,\boldsymbol{\alpha}_2,\cdots,\boldsymbol{\alpha}_r$ __________(填线性相关性).

4. 等价的线性无关向量组所含的向量个数__________.

5. 极大线性无关组的性质：

(1) 一个向量组与它自己的极大线性无关组总是__________；

(2) 一个向量组的任意两个极大线性无关组都是__________；

(3) 一个向量组的所有极大线性无关组所含的向量个数__________.

6. 向量组 $\boldsymbol{\alpha}_1,\boldsymbol{\alpha}_2,\cdots,\boldsymbol{\alpha}_m$ 线性无关的充要条件是：这个向量组的秩与它所含的向量的个数________.

7. 设向量组 A 的秩是 r_1，向量组 B 的秩是 r_2，若 A 组能由 B 组线性表示，则 r_1 和 r_2 的大小关系为________；等价的向量组具有相同的秩.

8. 矩阵的行秩________矩阵的列秩，统称为矩阵的秩.

9. 矩阵秩的性质：

(1) 若矩阵 $\boldsymbol{A}$ 中所有 k 阶子式都等于零，则 $\boldsymbol{A}$ 中所有阶数大于 k 的子式都等于________；

(2) 对于方阵 $\boldsymbol{A}=(a_{ij})_{n\times n}$，$R(\boldsymbol{A})<n$ 的充要条件是 $|\boldsymbol{A}|=$________；

(3) 矩阵 $\boldsymbol{A}=(a_{ij})_{s\times n}$ 的秩等于 r 的充要条件是 $\boldsymbol{A}$ 中至少有一个 r 阶子式不等于零，同时所有 $r+1$ 阶子式都等于________；

(4) $R(\boldsymbol{A})\geqslant r$ 的充要条件是 $\boldsymbol{A}$ 中至少有一个 r 阶子式不等于________；

(5) $R(\boldsymbol{A})\leqslant r$ 的充要条件是 $\boldsymbol{A}$ 中所有 $r+1$ 阶子式都等于________；

(6) 设 $R(\boldsymbol{A})=r$，若在 $\boldsymbol{A}$ 中有一个 r 阶子式的 $\Delta\neq 0$，则 $\boldsymbol{A}$ 中包含 Δ 的 r 个行向量(列向量)构成 $\boldsymbol{A}$ 的行向量组(列向量组)的一个__________.

10. 矩阵的运算与秩的关系：

(1) $R(k\boldsymbol{A})=$________$(k\neq 0)$；

(2) 设 $\boldsymbol{A}$ 与 $\boldsymbol{B}$ 可加，则 $R(\boldsymbol{A}+\boldsymbol{B})$________ $R(\boldsymbol{A})+R(\boldsymbol{B})$；

(3) 设 $\boldsymbol{A}$ 与 $\boldsymbol{B}$ 可乘，则 $R(\boldsymbol{AB})$________ $\min\{R(\boldsymbol{A}),R(\boldsymbol{B})\}$；

(4) $R(\boldsymbol{A}^{\mathrm{T}})$________ $R(\boldsymbol{A})$；

(5) 设 $\boldsymbol{A}$ 为 n 阶可逆矩阵，则 $R(\boldsymbol{A}^{-1})=R(\boldsymbol{A})=$________；

(6) $\max\{R(\boldsymbol{A}),R(\boldsymbol{B})\}\leqslant R(\boldsymbol{A}\vdots\boldsymbol{B})\leqslant R(\boldsymbol{A})+R(\boldsymbol{B})$，特别地，当 $\boldsymbol{B}=\boldsymbol{b}$ 为列矩阵时，有______________.

二、典型习题强化练习

1. 设 $\boldsymbol{A}$ 为 $m\times n$ 矩阵，且 $R(\boldsymbol{A})=r$，则 $\boldsymbol{A}$ 中(　　).

A. 没有等于 0 的 $r-1$ 阶子式，至少有一个 r 阶子式不为 0

B. 有不等于 0 的 r 阶子式，所有 $r+1$ 阶子式全为 0

C. 有等于 0 的 r 阶子式，没有不等于 0 的 $r+1$ 阶子式

D. 任何 r 阶子式均不为 0，任何 $r+1$ 阶子式均为 0

2. 矩阵 $\boldsymbol{A}$ 在(　　)时可能改变其秩.

A. 转置　　　　B. 作初等变换

C. 乘一个可逆方阵　　　　D. 乘一个不可逆方阵

3. 已知 $\boldsymbol{A}=\begin{pmatrix}14 & 12 & 6 & 8 & 2\\ 6 & 104 & 12 & 9 & 17\\ 7 & 6 & 3 & 4 & 1\\ 35 & 30 & 15 & 20 & 5\end{pmatrix}$，求矩阵 $\boldsymbol{A}$ 的秩，并求 $\boldsymbol{A}$ 的一个最高阶非零子式.

4. 设 $\boldsymbol{A}=\begin{pmatrix}1&0&1&0&4\\0&1&2&0&5\\0&0&0&1&6\\0&0&0&0&0\end{pmatrix}$,(1) 求矩阵 $\boldsymbol{A}$ 的秩,并求 $\boldsymbol{A}$ 的一个最高阶非零子式;

(2) 求矩阵 $\boldsymbol{A}$ 的列向量组的一个极大线性无关组及其列秩,并把其余列向量用该极大线性无关组线性表示.

*5. 证明：$R(\boldsymbol{A}+\boldsymbol{B})\leqslant R(\boldsymbol{A})+R(\boldsymbol{B})$.

班级______________ 姓名______________ 学号______________

习题 3.5

一、主要知识点回顾

1. 矩阵的初等变换：

(1) 初等行变换：对调两行(对调 i,j 两行，记作__________)；以数 $k(k\neq 0)$ 乘某一行中的所有元素(第 i 行乘以 k，记作__________)；把某一行所有元素的 k 倍加到另一行对应的元素上去(第 j 行的 k 倍加到第 i 行上，记作______________).

(2) 初等列变换：对调两列(对调 i,j 两列，记作__________)；以数 $k(k\neq 0)$ 乘某一列中的所有元素(第 i 列乘以 k，记作__________)；把某一列所有元素的 k 倍加到另一列对应的元素上去(第 j 列的 k 倍加到第 i 列上，记作______________).

(3) 初等行变换和初等列变换统称矩阵的初等变换.

2. 如果矩阵 $\boldsymbol{A}$ 经过有限次初等变换变成矩阵 $\boldsymbol{B}$，就称矩阵 $\boldsymbol{A}$ 与 $\boldsymbol{B}$ 等价.

3. 初等矩阵：由单位矩阵 $\boldsymbol{E}$ 经过一次初等变换得到的矩阵称为初等矩阵；三种初等变换对应的三种初等矩阵分别为 $\boldsymbol{E}(i,j)$，$\boldsymbol{E}(i(k))$，$\boldsymbol{E}(j(k),i)$.

4. 初等矩阵的逆矩阵：

(1) $\boldsymbol{E}(i,j)^{-1}=$____________；(2) $\boldsymbol{E}(i(k))^{-1}=$____________；(3) $\boldsymbol{E}(j(k),i)^{-1}=$____________.

5. 设 $\boldsymbol{A}$ 为可逆矩阵，若存在有限个初等矩阵 $\boldsymbol{P}_1,\boldsymbol{P}_2,\cdots,\boldsymbol{P}_l$，使 $\boldsymbol{A}=\boldsymbol{P}_1\boldsymbol{P}_2\cdots\boldsymbol{P}_l$，则 $\boldsymbol{A}^{-1}=$________________.因此，可利用初等变换求解矩阵 $\boldsymbol{A}$ 的逆矩阵，即 $(\boldsymbol{A}\vdots\boldsymbol{E})\xrightarrow{\text{初等行变换}}(\boldsymbol{E},\_\_\_\_\_\_\_\_)$ 或 $\begin{pmatrix}\boldsymbol{A}\\ \boldsymbol{E}\end{pmatrix}\xrightarrow{\text{初等列变换}}\begin{pmatrix}\boldsymbol{E}\\ \_\_\_\_\_\_\_\_\end{pmatrix}$.

6. 阶梯形矩阵：

(1) 行阶梯形：每一个__________的第一个非零元素下面的元素都是零；

(2) 行最简形：非零行的第一个非零元素为__________，且该列的其他元素都为__________；

(3) 标准形：$m\times n$ 矩阵 $\boldsymbol{A}$ 经过有限次初等行变换可化为行阶梯形和行最简形，若再经过初等列变换，还可化为如下更加简单的形式：

$$\boldsymbol{I}=\begin{pmatrix}1&0&\cdots&0&\cdots&0\\0&1&\cdots&0&\cdots&0\\\vdots&\vdots&&\vdots&&\vdots\\0&0&\cdots&1&\cdots&0\\0&0&\cdots&0&\cdots&0\\\vdots&\vdots&&\vdots&&\vdots\\0&0&\cdots&0&\cdots&0\end{pmatrix}$$

，矩阵 $\boldsymbol{I}$ 称为 $\boldsymbol{A}$ 的标准形，其特征是矩阵 $\boldsymbol{I}$ 的左上角是一个 r 阶的单位矩阵($r=$__________)，其他元素都是 0.可见，若 $\boldsymbol{A}$ 与 $\boldsymbol{B}$ 等价，则 $\boldsymbol{A}$ 与 $\boldsymbol{B}$ 有相同的______________.

二、典型习题强化练习

1. 将下列矩阵化为行最简形：

(1) $\begin{pmatrix} 2 & -1 & 3 & 1 \\ 2 & 0 & 2 & 6 \\ 4 & 2 & 2 & 7 \end{pmatrix}$；　　(2) $\begin{pmatrix} 2 & -1 & 1 & -1 & 3 \\ 4 & -2 & -2 & 3 & 2 \\ 2 & -1 & 5 & -6 & 1 \\ 2 & -1 & -3 & 4 & 5 \end{pmatrix}$.

2. 求向量组 $\boldsymbol{\alpha}_1=(1,1,3,1)^{\mathrm{T}}$，$\boldsymbol{\alpha}_2=(-1,1,-1,3)^{\mathrm{T}}$，$\boldsymbol{\alpha}_3=(5,-2,8,-9)^{\mathrm{T}}$，$\boldsymbol{\alpha}_4=(-1,3,1,7)^{\mathrm{T}}$ 的一个极大无关组，并将其余向量用该极大无关组线性表示.

班级____________ 姓名____________ 学号____________

单元测试 3

1. 若向量组 $\boldsymbol{\alpha}_1,\boldsymbol{\alpha}_2,\cdots,\boldsymbol{\alpha}_m(m\geqslant 2)$线性无关，证明：

(1) 向量组 $\boldsymbol{\alpha}_1,\boldsymbol{\alpha}_1+\boldsymbol{\alpha}_2,\cdots,\boldsymbol{\alpha}_1+\boldsymbol{\alpha}_2+\cdots+\boldsymbol{\alpha}_m$ 线性无关；

(2) $\boldsymbol{\beta}_1=\boldsymbol{\alpha}_1+k_1\boldsymbol{\alpha}_m,\boldsymbol{\beta}_2=\boldsymbol{\alpha}_2+k_2\boldsymbol{\alpha}_m,\cdots,\boldsymbol{\beta}_{m-1}=\boldsymbol{\alpha}_{m-1}+k_{m-1}\boldsymbol{\alpha}_m$ 线性无关.

2. 下列论断中哪些是对的，哪些是错的？为什么？

(1) 如果 $\boldsymbol{\alpha}_1,\boldsymbol{\alpha}_2,\cdots,\boldsymbol{\alpha}_r$ 线性无关，那么其中每一个向量都不是其余向量的线性组合；

(2) 如果 $\boldsymbol{\alpha}_1,\boldsymbol{\alpha}_2,\cdots,\boldsymbol{\alpha}_r$ 线性相关，那么其中每一个向量都是其余向量的线性组合；

(3) 若 $\boldsymbol{\alpha}_1,\boldsymbol{\alpha}_2,\cdots,\boldsymbol{\alpha}_s$ 线性相关，$\boldsymbol{\beta}_1,\boldsymbol{\beta}_2,\cdots,\boldsymbol{\beta}_t$ 线性相关，则 $\boldsymbol{\alpha}_1,\boldsymbol{\alpha}_2,\cdots,\boldsymbol{\alpha}_s,\boldsymbol{\beta}_1,\boldsymbol{\beta}_2,\cdots,\boldsymbol{\beta}_t$ 也线性相关；

(4) 设 $\boldsymbol{\alpha}_1,\boldsymbol{\alpha}_2,\cdots,\boldsymbol{\alpha}_m$ 是 m 个 n 维向量，若存在 m 个不全为零的数 $k_1,k_2,\cdots,k_m$，使 $k_1\boldsymbol{\alpha}_1+k_2\boldsymbol{\alpha}_2+\cdots+k_m\boldsymbol{\alpha}_m=\mathbf{0}$，则 $\boldsymbol{\alpha}_1,\boldsymbol{\alpha}_2,\cdots,\boldsymbol{\alpha}_m$ 线性无关；

(5) 若 $\boldsymbol{\alpha}_1,\boldsymbol{\alpha}_2,\cdots,\boldsymbol{\alpha}_m$ 线性相关，则对任意一组不全为零的数 $k_1,k_2,\cdots,k_m$，有 $k_1\boldsymbol{\alpha}_1+k_2\boldsymbol{\alpha}_2+\cdots+k_m\boldsymbol{\alpha}_m=\mathbf{0}$.

3. 设 $\boldsymbol{A}=\begin{pmatrix}3 & 0 & 0\\0 & 1 & -1\\0 & 1 & 4\end{pmatrix}$，$\boldsymbol{B}=\begin{pmatrix}3 & 6\\1 & 1\\2 & -3\end{pmatrix}$，且满足 $\boldsymbol{AX}=2\boldsymbol{X}+\boldsymbol{B}$，求矩阵 $\boldsymbol{X}$.

4. 求向量组 $\boldsymbol{\alpha}_1=(1,2,1,2)^{\mathrm{T}}$，$\boldsymbol{\alpha}_2=(1,7,-1,6)^{\mathrm{T}}$，$\boldsymbol{\alpha}_3=(1,-1,2,0)^{\mathrm{T}}$，$\boldsymbol{\alpha}_4=(4,2,5,6)^{\mathrm{T}}$ 的一个极大线性无关组，并用该极大线性无关组表示其余向量.

第 4 章 线性方程组

习题 4.1—4.2

一、主要知识点回顾

1. 设 $\boldsymbol{\xi}_1,\boldsymbol{\xi}_2$ 是齐次线性方程组 $\boldsymbol{A}_{m\times n}\boldsymbol{X}=\boldsymbol{0}$ 的两个解向量，k 为任意常数，则

(1) $\boldsymbol{\xi}_1+\boldsymbol{\xi}_2$ __________(填“是”或“不是”)齐次线性方程组 $\boldsymbol{A}_{m\times n}\boldsymbol{X}=\boldsymbol{0}$ 的解向量；

(2) $k\boldsymbol{\xi}_1$ __________(填“是”或“不是”)齐次线性方程组 $\boldsymbol{A}_{m\times n}\boldsymbol{X}=\boldsymbol{0}$ 的解向量.

2. 若 $\boldsymbol{\xi}_1,\boldsymbol{\xi}_2,\cdots,\boldsymbol{\xi}_s$ 为齐次线性方程组 $\boldsymbol{A}_{m\times n}\boldsymbol{X}=\boldsymbol{0}$ 的基础解系，则方程组的通解 $\boldsymbol{X}=$ ____________________，基础解系中向量的个数 s、未知量的个数 n 以及系数矩阵 $\boldsymbol{A}$ 的秩 $R(\boldsymbol{A})$ 的关系为____________________.

3. 设齐次线性方程组 $\boldsymbol{A}_{m\times n}\boldsymbol{X}=\boldsymbol{0}$ 的系数矩阵 $\boldsymbol{A}$ 的秩为 $R(\boldsymbol{A})$，则

(1) 方程组 $\boldsymbol{A}_{m\times n}\boldsymbol{X}=\boldsymbol{0}$ 只有零解的充要条件为____________________；

(2) 方程组 $\boldsymbol{A}_{m\times n}\boldsymbol{X}=\boldsymbol{0}$ 有非零解的充要条件为____________________.

4. 设 $\boldsymbol{\eta}^*$ 是非齐次线性方程组 $\boldsymbol{A}_{m\times n}\boldsymbol{X}=\boldsymbol{b}$ 的一个解，$\boldsymbol{\xi}_1,\boldsymbol{\xi}_2,\cdots,\boldsymbol{\xi}_s$ 为对应齐次线性方程组 $\boldsymbol{A}_{m\times n}\boldsymbol{X}=\boldsymbol{0}$ 的基础解系，则非齐次线性方程组的通解 $\boldsymbol{X}=$ ____________________.

5. 设 $\boldsymbol{\eta}_1,\boldsymbol{\eta}_2$ 是非齐次线性方程组 $\boldsymbol{A}_{m\times n}\boldsymbol{X}=\boldsymbol{b}$ 的两个解向量，$\boldsymbol{\xi}$ 是齐次线性方程组 $\boldsymbol{A}_{m\times n}\boldsymbol{X}=\boldsymbol{0}$ 的解向量，则

(1) $\boldsymbol{\eta}_1-\boldsymbol{\eta}_2$ __________(填“是”或“不是”)齐次线性方程组 $\boldsymbol{A}_{m\times n}\boldsymbol{X}=\boldsymbol{0}$ 的解向量；

(2) $\boldsymbol{\eta}_1+\boldsymbol{\xi}$ __________(填“是”或“不是”)非齐次线性方程组 $\boldsymbol{A}_{m\times n}\boldsymbol{X}=\boldsymbol{b}$ 的解向量.

6. 设非齐次线性方程组 $\boldsymbol{A}_{m\times n}\boldsymbol{X}=\boldsymbol{b}$ 的系数矩阵的秩为 $R(\boldsymbol{A})$，增广矩阵的秩为 $R(\boldsymbol{A},\boldsymbol{b})$，则

(1) 方程组 $\boldsymbol{A}_{m\times n}\boldsymbol{X}=\boldsymbol{b}$ 无解的充要条件为____________________；

(2) 方程组 $\boldsymbol{A}_{m\times n}\boldsymbol{X}=\boldsymbol{b}$ 有唯一解的充要条件为____________________；

(3) 方程组 $\boldsymbol{A}_{m\times n}\boldsymbol{X}=\boldsymbol{b}$ 有无穷多解的充要条件为____________________.

二、典型习题强化练习

1. 判断下列说法是否正确：

(1) 齐次线性方程组 $\boldsymbol{AX}=\boldsymbol{0}$ 一定有解. (　　)

(2) 当未知量的个数大于方程的个数时，非齐次线性方程组一定有无穷多解. (　　)

(3) 设 $\boldsymbol{\alpha}_1,\boldsymbol{\alpha}_2$ 是非齐次线性方程组 $\boldsymbol{AX}=\boldsymbol{b}$ 的解，则 $\boldsymbol{\alpha}_1+\boldsymbol{\alpha}_2$ 也是方程组 $\boldsymbol{AX}=\boldsymbol{b}$ 的解. (　　)

(4) 设 $\boldsymbol{\eta}_1,\boldsymbol{\eta}_2$ 是齐次线性方程组 $\boldsymbol{AX}=\boldsymbol{0}$ 的基础解系，则 $\boldsymbol{\eta}_1-\boldsymbol{\eta}_2,-3\boldsymbol{\eta}_1+\boldsymbol{\eta}_2$ 也是

$\boldsymbol{AX}=\mathbf{0}$ 的基础解系. ( )

(5) 非齐次线性方程组 $\boldsymbol{AX}=\boldsymbol{b}$，当矩阵 $\boldsymbol{A}$ 的秩等于未知量的个数时，该方程组一定有解. ( )

2. 齐次线性方程组 $\boldsymbol{A}_{3\times 5}\boldsymbol{X}=\mathbf{0}$ 解的情况是( ).

A. 无解　　B. 仅有零解

C. 必有非零解　　D. 可能有非零解，也可能无非零解

3. 设 $\boldsymbol{\xi}_1,\boldsymbol{\xi}_2$ 是方程组 $\boldsymbol{AX}=\boldsymbol{b}$ 的任意两个解，则下列结论错误的是( ).

A. $\boldsymbol{\xi}_1-\boldsymbol{\xi}_2$ 是 $\boldsymbol{AX}=\mathbf{0}$ 的一个解　　B. $\boldsymbol{\xi}_1+\boldsymbol{\xi}_2$ 是 $\boldsymbol{AX}=\mathbf{0}$ 的一个解

C. $\frac{1}{3}\boldsymbol{\xi}_1+\frac{2}{3}\boldsymbol{\xi}_2$ 是 $\boldsymbol{AX}=\boldsymbol{b}$ 的一个解　　D. $3\boldsymbol{\xi}_1-2\boldsymbol{\xi}_2$ 是 $\boldsymbol{AX}=\boldsymbol{b}$ 的一个解

4. 已知四阶方阵 $\boldsymbol{A}=(\boldsymbol{\alpha}_1,\boldsymbol{\alpha}_2,\boldsymbol{\alpha}_3,\boldsymbol{\alpha}_4)$ 且 $\boldsymbol{\alpha}_1,\boldsymbol{\alpha}_2,\boldsymbol{\alpha}_3$ 线性无关，$\boldsymbol{\alpha}_4=2\boldsymbol{\alpha}_1-\boldsymbol{\alpha}_2$，则齐次线性方程组 $\boldsymbol{AX}=\mathbf{0}$ 的通解为____________.

5. 若方程组 $\begin{cases}x_1+x_2=a_1,\\x_2+x_3=a_2,\\x_3+x_4=a_3,\\x_4+x_1=a_4\end{cases}$ 有解，则常数 a_1,a_2,a_3,a_4 应满足条件__________.

6. 求解下列线性方程组：

(1) $\begin{cases}x_1+x_2+2x_3-x_4=0,\\2x_1+x_2+x_3-x_4=0,\\2x_1+2x_2+x_3+2x_4=0;\end{cases}$

(2) $\begin{cases}x_1+x_2+x_3+x_4+x_5=2,\\3x_1+2x_2+x_3+x_4-3x_5=0,\\x_2+x_3+2x_4+6x_5=4,\\5x_1+4x_2+3x_3+3x_4-x_5=2;\end{cases}$

(3) $\begin{cases} x_1+x_2+x_3+x_4=0, \\ x_2+2x_3+2x_4=1, \\ -x_2-x_3-2x_4=2, \\ 3x_1+2x_2+x_3+2x_4=-1; \end{cases}$

(4) $\begin{cases} x_1+2x_2-x_3+3x_4+x_5=2, \\ 2x_1+4x_2-2x_3+6x_4+3x_5=6, \\ -x_1-2x_2+x_3-x_4+3x_5=4. \end{cases}$

7. 讨论 a,b 取何值时,方程组$\begin{cases} ax_1+x_2+x_3=4, \\ x_1+bx_2+x_3=3, \\ x_1+2bx_2+x_3=4 \end{cases}$有唯一解、无解、有无穷多解,并在有无穷多解时求其通解.

班级________ 姓名________ 学号________

单元测试 4

1. 若三元齐次线性方程组 $\boldsymbol{AX}=\boldsymbol{0}$ 的基础解系中含有两个解向量,则 $R(\boldsymbol{A})=$ ________.

2. 设 $\boldsymbol{A}$ 是 3×4 矩阵,其秩为 3,若 $\boldsymbol{\eta}_1,\boldsymbol{\eta}_2$ 为非齐次线性方程组 $\boldsymbol{AX}=\boldsymbol{b}$ 的两个不同的解,则它的通解为________________.

3. 设 $\boldsymbol{\alpha}_1,\boldsymbol{\alpha}_2$ 是对应非齐次线性方程组 $\boldsymbol{AX}=\boldsymbol{b}$ 的解,$\boldsymbol{\beta}$ 是对应齐次线性方程组的解,则 $\boldsymbol{AX}=\boldsymbol{b}$ 一定有一个解是(　　).

A. $\boldsymbol{\alpha}_1+\boldsymbol{\alpha}_2$　　B. $\boldsymbol{\alpha}_1-\boldsymbol{\alpha}_2$　　C. $\boldsymbol{\beta}+\boldsymbol{\alpha}_1+\boldsymbol{\alpha}_2$　　D. $\frac{1}{3}\boldsymbol{\alpha}_1+\frac{2}{3}\boldsymbol{\alpha}_2-\boldsymbol{\beta}$

4. 设 n 元齐次线性方程组的系数矩阵的秩 $R(\boldsymbol{A})=n-3$,且 $\boldsymbol{\xi}_1,\boldsymbol{\xi}_2,\boldsymbol{\xi}_3$ 为此方程组的三个线性无关的解,则此方程组的基础解系可以是(　　).

A. $-\boldsymbol{\xi}_1,2\boldsymbol{\xi}_2,3\boldsymbol{\xi}_3+\boldsymbol{\xi}_1-2\boldsymbol{\xi}_2$　　B. $\boldsymbol{\xi}_1+\boldsymbol{\xi}_2,\boldsymbol{\xi}_2-\boldsymbol{\xi}_3,\boldsymbol{\xi}_3+\boldsymbol{\xi}_1$

C. $\boldsymbol{\xi}_1-2\boldsymbol{\xi}_2,-2\boldsymbol{\xi}_2+\boldsymbol{\xi}_1,-3\boldsymbol{\xi}_3+2\boldsymbol{\xi}_2$　　D. $2\boldsymbol{\xi}_1+4\boldsymbol{\xi}_2,-2\boldsymbol{\xi}_2+\boldsymbol{\xi}_3,\boldsymbol{\xi}_1+\boldsymbol{\xi}_3$

5. 已知 $\boldsymbol{\beta}_1,\boldsymbol{\beta}_2$ 是 $\boldsymbol{AX}=\boldsymbol{b}$ 的两个不同的解,$\boldsymbol{\alpha}_1,\boldsymbol{\alpha}_2$ 是相应的齐次方程组 $\boldsymbol{AX}=\boldsymbol{0}$ 的基础解系,k_1,k_2 为任意常数,则 $\boldsymbol{AX}=\boldsymbol{b}$ 的通解是(　　).

A. $k_1\boldsymbol{\alpha}_1+k_2(\boldsymbol{\alpha}_1+\boldsymbol{\alpha}_2)+\frac{\boldsymbol{\beta}_1-\boldsymbol{\beta}_2}{2}$　　B. $k_1\boldsymbol{\alpha}_1+k_2(\boldsymbol{\alpha}_1-\boldsymbol{\alpha}_2)+\frac{\boldsymbol{\beta}_1+\boldsymbol{\beta}_2}{2}$

C. $k_1\boldsymbol{\alpha}_1+k_2(\boldsymbol{\beta}_1-\boldsymbol{\beta}_2)+\frac{\boldsymbol{\beta}_1-\boldsymbol{\beta}_2}{2}$　　D. $k_1\boldsymbol{\alpha}_1+k_2(\boldsymbol{\beta}_1-\boldsymbol{\beta}_2)+\frac{\boldsymbol{\beta}_1+\boldsymbol{\beta}_2}{2}$

6. 求线性方程组 $\begin{cases}2x_1-2x_2+x_3-x_4+x_5=1,\\ x_1+2x_2-x_3+x_4-2x_5=1,\\ 4x_1-10x_2+5x_3-5x_4+7x_5=1,\\ 2x_1-14x_2+7x_3-7x_4+11x_5=-1\end{cases}$ 的通解.

7. 已知线性方程组$\begin{cases}x_1-5x_2+2x_3-3x_4=11,\\5x_1+3x_2+kx_3-x_4=-1,\\2x_1+4x_2+2x_3+x_4=-6\end{cases}$的系数矩阵的秩为 2，求 k 的值及该方程组的通解.

8. 设 $\boldsymbol{\eta}^*$ 是非齐次线性方程组 $\boldsymbol{AX}=\boldsymbol{b}$ 的一个解，$\boldsymbol{\xi}_1,\boldsymbol{\xi}_2,\cdots,\boldsymbol{\xi}_{n-r}$ 是对应齐次线性方程组的一个基础解系，证明：

（1）$\boldsymbol{\eta}^*,\boldsymbol{\xi}_1,\boldsymbol{\xi}_2,\cdots,\boldsymbol{\xi}_{n-r}$ 线性无关；

（2）$\boldsymbol{\eta}^*,\boldsymbol{\eta}^*+\boldsymbol{\xi}_1,\boldsymbol{\eta}^*+\boldsymbol{\xi}_2,\cdots,\boldsymbol{\eta}^*+\boldsymbol{\xi}_{n-r}$ 线性无关.

班级______________ 姓名______________ 学号______________

第 5 章 相似矩阵及二次型

习题 5.1

一、主要知识点回顾

1. 向量的内积$[\boldsymbol{\alpha},\boldsymbol{\beta}]=\boldsymbol{\alpha}^{\mathrm{T}}\boldsymbol{\beta}$;向量的长度$\|\boldsymbol{\alpha}\|$;向量的夹角.

2. 若$[\boldsymbol{\alpha},\boldsymbol{\beta}]=0$,则称向量$\boldsymbol{\alpha}$与$\boldsymbol{\beta}$正交.

3. 若n维向量$\boldsymbol{\alpha}_1,\boldsymbol{\alpha}_2,\cdots,\boldsymbol{\alpha}_r$是一组两两正交的非零向量,则$\boldsymbol{\alpha}_1,\boldsymbol{\alpha}_2,\cdots,\boldsymbol{\alpha}_r$称为__________向量组,并且$\boldsymbol{\alpha}_1,\boldsymbol{\alpha}_2,\cdots,\boldsymbol{\alpha}_r$一定__________________(填线性相关性).

4. 施密特正交化、规范化:从线性无关的向量组$\boldsymbol{\alpha}_1,\boldsymbol{\alpha}_2,\cdots,\boldsymbol{\alpha}_r$通过正交化导出与之等价的正交向量组$\boldsymbol{\beta}_1,\boldsymbol{\beta}_2,\cdots,\boldsymbol{\beta}_r$,进而再通过单位化得到与$\boldsymbol{\alpha}_1,\boldsymbol{\alpha}_2,\cdots,\boldsymbol{\alpha}_r$等价的单位正交向量组$\boldsymbol{e}_1,\boldsymbol{e}_2,\cdots,\boldsymbol{e}_r$.

5. 如果n阶方阵$\boldsymbol{A}$满足____________________________,则称$\boldsymbol{A}$为正交矩阵,且$\boldsymbol{A}$为正交矩阵的充要条件是$\boldsymbol{A}$的行(列)向量组是____.

6. 若$\boldsymbol{A}$和$\boldsymbol{B}$都是正交矩阵,则$\boldsymbol{A}^{-1}=\boldsymbol{A}^{\mathrm{T}}$和$\boldsymbol{AB}$都是正交矩阵,且$|\boldsymbol{A}|=$__________.

二、典型习题强化练习

1. 设$\boldsymbol{\alpha}=(3,-1,2,5)^{\mathrm{T}},\boldsymbol{\beta}=(2,5,4,-3)^{\mathrm{T}}$,则$[\boldsymbol{\alpha},\boldsymbol{\beta}]=$______________.

2. 设$\boldsymbol{\alpha}=(2,0,-1,0,1)^{\mathrm{T}},\boldsymbol{\beta}=(0,2,0,3,0)^{\mathrm{T}}$,则$\boldsymbol{\alpha}$与$\boldsymbol{\beta}$的夹角$\theta=$__________.

3. $\mathbf{R}^3$的一个标准正交基$\boldsymbol{\varepsilon}_1,\boldsymbol{\varepsilon}_2,\boldsymbol{\varepsilon}_3$,其中$\boldsymbol{\varepsilon}_1=\left(\frac{1}{3},\frac{2}{3},\frac{2}{3}\right)^{\mathrm{T}},\boldsymbol{\varepsilon}_2=\left(\frac{2}{3},\frac{1}{3},-\frac{2}{3}\right)^{\mathrm{T}}$,则$\boldsymbol{\varepsilon}_3=$____________.

4. 下列矩阵中不是正交矩阵的是(　　).

A. $\begin{pmatrix}1&0\\0&1\end{pmatrix}$　　B. $\begin{pmatrix}2&1\\0&1\end{pmatrix}$

C. $\begin{pmatrix}\cos\theta&\sin\theta\\-\sin\theta&\cos\theta\end{pmatrix}$　　D. $\begin{pmatrix}\frac{1}{2}&\frac{\sqrt{3}}{2}\\-\frac{\sqrt{3}}{2}&\frac{1}{2}\end{pmatrix}$

5. 证明 $\boldsymbol{\alpha}_1=(1,1,1)^{\mathrm{T}}$,$\boldsymbol{\alpha}_2=(1,2,3)^{\mathrm{T}}$,$\boldsymbol{\alpha}_3=(1,0,2)^{\mathrm{T}}$ 为 $\mathbf{R}^3$ 的一组基,并由这组基出发,构造 $\mathbf{R}^3$ 的一个标准正交基.

*6. 设 $\boldsymbol{x}$ 为 n 维列向量,$\boldsymbol{x}^{\mathrm{T}}\boldsymbol{x}=1$,令 $\boldsymbol{H}=\boldsymbol{E}-2\boldsymbol{x}\boldsymbol{x}^{\mathrm{T}}$,求证 $\boldsymbol{H}$ 是对称的正交阵.

班级______________ 姓名______________ 学号______________

习题 5.2

一、主要知识点回顾

1. 对于 n 阶方阵 $\boldsymbol{A}$，若有数 λ 和 n 维非零列向量 $\boldsymbol{x}$ 满足________________，则称 λ 为 $\boldsymbol{A}$ 的特征值，称非零向量 $\boldsymbol{x}$ 为 $\boldsymbol{A}$ 的属于特征值 λ 的特征向量.

2. n 阶方阵 $\boldsymbol{A}$ 的特征多项式为________________，特征方程为________________.

3. 特征向量的计算方法：对于方阵 $\boldsymbol{A}$ 的特征值 λ_i，解齐次线性方程组 $(\boldsymbol{A}-\lambda_i\boldsymbol{E})\boldsymbol{X}=\boldsymbol{0}$，对应基础解系的线性组合 $k_1\boldsymbol{p}_1+k_2\boldsymbol{p}_2+\cdots+k_s\boldsymbol{p}_s$（$k_1,k_2,\cdots,k_s$ 不全为 0）就是属于特征值 λ_i 的全体特征向量.

4. 若 n 阶方阵 $\boldsymbol{A}=(a_{ij})$ 的特征值为 $\lambda_1,\lambda_2,\cdots,\lambda_n$，则

(1) $\lambda_1+\lambda_2+\cdots+\lambda_n=$________________________；

(2) $|\boldsymbol{A}|=$________________________.

5. 设 λ 是矩阵 $\boldsymbol{A}$ 的特征值，且矩阵 $\boldsymbol{A}$ 的多项式 $\varphi(\boldsymbol{A})=a_0\boldsymbol{E}+a_1\boldsymbol{A}+\cdots+a_n\boldsymbol{A}^n$，则 $\varphi(\boldsymbol{A})$ 的特征值 $\varphi(\lambda)=$____.

二、典型习题强化练习

1. 设三阶方阵 $\boldsymbol{A}$ 的特征值为 $1,-1,2$，则 $|\boldsymbol{A}^2+3\boldsymbol{A}-2\boldsymbol{E}|=$__________.

2. 若 1 是矩阵 $\boldsymbol{A}=\begin{pmatrix}2&-1&2\\5&a&3\\-1&1&-2\end{pmatrix}$ 的特征值，则 $a=$__________.

3. 求下列矩阵的特征值及特征向量：

(1) $\boldsymbol{A}=\begin{pmatrix}4&6&-2\\-3&-5&-1\\-3&-6&2\end{pmatrix}$；

(2) $\boldsymbol{A}=\begin{pmatrix} 5 & -6 & -6 \\ -1 & 4 & 2 \\ 3 & -6 & -4 \end{pmatrix}$.

*4. 若 λ_1, λ_2 是矩阵 $\boldsymbol{A}$ 的两个不同的特征值，$\boldsymbol{p}_1, \boldsymbol{p}_2$ 分别为对应于 λ_1, λ_2 的特征向量，证明：$\boldsymbol{p}_1+\boldsymbol{p}_2$ 不是 $\boldsymbol{A}$ 的特征向量.

班级______________ 姓名______________ 学号______________

习题 5.3

一、主要知识点回顾

1. 对于 n 阶方阵 $\boldsymbol{A}$ 与 $\boldsymbol{B}$，若存在可逆矩阵 $\boldsymbol{P}$ 使得______________，则称 $\boldsymbol{A}$ 相似于 $\boldsymbol{B}$，记作 $\boldsymbol{A}\sim\boldsymbol{B}$.

2. 相似矩阵的性质：

(1) 若矩阵 $\boldsymbol{A}\sim\boldsymbol{B}$，则 $\boldsymbol{A}$ 与 $\boldsymbol{B}$ 有相同的特征值和行列式；

(2) 若 $\boldsymbol{A}$ 可逆，$\boldsymbol{A}\sim\boldsymbol{B}$，则 $\boldsymbol{B}$ 可逆，且 $\boldsymbol{A}^{-1}\sim\boldsymbol{B}^{-1}$.

3. 若方阵 $\boldsymbol{A}$ 与一个对角矩阵__________，则称 $\boldsymbol{A}$ 可对角化.

4. n 阶方阵 $\boldsymbol{A}$ 可对角化的充要条件是 $\boldsymbol{A}$ 有 n 个线性无关的______________.

5. 若 n 阶方阵 $\boldsymbol{A}$ 有 n 个互不相同的特征值，则 $\boldsymbol{A}$ 可__________.

6. 设 n 阶方阵 $\boldsymbol{A}$ 的全体互异特征值为 $\lambda_1,\lambda_2,\cdots,\lambda_m$，重数依次为 $r_1,r_2,\cdots,r_m$，则 $\boldsymbol{A}$ 可对角化的充要条件是，对应于特征值 λ_i，$\boldsymbol{A}$ 有 r_i 个________________的特征向量($i=1,2,\cdots,m$).

二、典型习题强化练习

1. 设矩阵 $\boldsymbol{A}$ 与对角阵 $\begin{pmatrix}3 & & \\ & 3 & \\ & & -2\end{pmatrix}$ 相似，则 $\boldsymbol{A}$ 的特征值为__________.

2. (多选)若 $\boldsymbol{A},\boldsymbol{B}$ 均为 n 阶矩阵，则下列说法不正确的是(　　).

A. 若 $\boldsymbol{A}$ 相似于 $\boldsymbol{B}$，则 $\boldsymbol{A}^{\mathrm{T}}$ 相似于 $\boldsymbol{B}^{\mathrm{T}}$

B. 若 $\boldsymbol{A}$ 相似于 $\boldsymbol{B}$，且 $\boldsymbol{A}$ 可逆，则 $\boldsymbol{A}^{-1}$ 相似于 $\boldsymbol{B}^{-1}$

C. 若 $\boldsymbol{A}$ 相似于 $\boldsymbol{B}$，则 $\boldsymbol{A},\boldsymbol{B}$ 都相似于单位矩阵 $\boldsymbol{E}$

D. 若 $\boldsymbol{A}$ 等价于 $\boldsymbol{B}$，则 $\boldsymbol{A}$ 相似于 $\boldsymbol{B}$

3. 设 $\boldsymbol{A}=\begin{pmatrix}2 & -1\\ -1 & 2\end{pmatrix}$，将 $\boldsymbol{A}$ 对角化并求 $\boldsymbol{A}^n$.

4. 判断矩阵 $\boldsymbol{A}=\begin{pmatrix}2&-2&0\\-2&1&-2\\0&-2&0\end{pmatrix}$ 能否对角化，若能，求出相应的变换矩阵 $\boldsymbol{P}$ 及对角矩阵 $\boldsymbol{\Lambda}$.

5. 设矩阵 $\boldsymbol{A}=\begin{pmatrix}1&a&1\\a&1&b\\1&b&1\end{pmatrix}$ 与 $\boldsymbol{B}=\begin{pmatrix}0&&\\&1&\\&&2\end{pmatrix}$ 相似，

(1) 求 a,b；

(2) 求可逆矩阵 $\boldsymbol{P}$，使 $\boldsymbol{P}^{-1}\boldsymbol{A}\boldsymbol{P}=\boldsymbol{B}$.

班级______________ 姓名______________ 学号______________

习题 5.4

一、主要知识点回顾

1. 实对称矩阵的特征性质：

(1) 实对称矩阵的特征值必为实数；

(2) 实对称矩阵属于不同特征值的特征向量必正交.

2. 设 $\boldsymbol{A}$ 为 n 阶实对称矩阵，则必有正交矩阵 $\boldsymbol{P}$，使得 $\boldsymbol{P}^{-1}\boldsymbol{AP}=\boldsymbol{P}^{\mathrm{T}}\boldsymbol{AP}=$____________，即 n 阶实对称矩阵一定可对角化.

3. 设 $\boldsymbol{A}$ 为 n 阶实对称矩阵，λ 是 $\boldsymbol{A}$ 的 k 重特征值，则 $R(\boldsymbol{A}-\lambda\boldsymbol{E})=$____________.

4. 实对称矩阵正交对角化的步骤：

(1) 求出 $\boldsymbol{A}$ 的全部相异的特征值 $\lambda_1,\lambda_2,\cdots,\lambda_m$；

(2) 对每一个特征值 λ_i，求出齐次线性方程组 $(\boldsymbol{A}-\lambda_i\boldsymbol{E})\boldsymbol{x}=\boldsymbol{0}$ 的一个基础解系 $\boldsymbol{\alpha}_{i1}$，$\boldsymbol{\alpha}_{i2},\cdots,\boldsymbol{\alpha}_{ir_i}$，并对其进行正交化和单位化，得到 r_i 个与之等价的两两正交的单位向量，从而得到 $\boldsymbol{A}$ 的 n 个两两正交的单位向量；

(3) 把这 n 个两两正交的单位向量按列构成正交矩阵 $\boldsymbol{P}$（不唯一，与排列顺序有关），便有 $\boldsymbol{P}^{-1}\boldsymbol{AP}=\boldsymbol{P}^{\mathrm{T}}\boldsymbol{AP}=\boldsymbol{\Lambda}$.

二、典型习题强化练习

1. 已知 $\boldsymbol{A}=\begin{pmatrix}2&0&0\\0&3&2\\0&2&3\end{pmatrix}$，求使得 $\boldsymbol{P}^{-1}\boldsymbol{AP}$ 为对角矩阵的正交矩阵 $\boldsymbol{P}$.

2. 设矩阵 $\boldsymbol{A}=\begin{pmatrix} 2 & 2 & -2 \\ 2 & 5 & -4 \\ -2 & -4 & 5 \end{pmatrix}$,求一个正交矩阵 $\boldsymbol{P}$,使得 $\boldsymbol{P}^{-1}\boldsymbol{A}\boldsymbol{P}=\boldsymbol{\Lambda}$.

习题 5.5

一、主要知识点回顾

1. 二次型；二次型的矩阵；二次型的秩；二次型的标准形.

2. 二次型 $f=\boldsymbol{x}^{\mathrm{T}}\boldsymbol{A}\boldsymbol{x}$ 为标准形，当且仅当矩阵 $\boldsymbol{A}$ 为__________矩阵.

3. 对于 n 阶方阵 $\boldsymbol{A}$ 与 $\boldsymbol{B}$，若有可逆矩阵 $\boldsymbol{C}$ 使得________________，则称 $\boldsymbol{A}$ 与 $\boldsymbol{B}$ 合同，记作 $\boldsymbol{A}\simeq\boldsymbol{B}$.

4. 任给二次型 $f=\boldsymbol{x}^{\mathrm{T}}\boldsymbol{A}\boldsymbol{x}$，总有正交变换 $\boldsymbol{x}=\boldsymbol{P}\boldsymbol{y}$，可化 f 为标准形.

二、典型习题强化练习

1. 二次型 $f=2x_1^2+4x_1x_2+2x_2^2-2x_2x_3-4x_1x_3$ 的矩阵 $\boldsymbol{A}=$__________________.

2. 实对称矩阵 $\begin{pmatrix} 0 & \frac{1}{2} & 0 & -\frac{1}{2} \\ \frac{1}{2} & -1 & 0 & 0 \\ 0 & 0 & 3 & -2 \\ -\frac{1}{2} & 0 & -2 & 2 \end{pmatrix}$ 的二次型 $f=$________________________.

3. 实二次型 $f(x_1,x_2,x_3)=x_1^2+2x_1x_2+tx_2^2+3x_3^2$ 的秩为 2，则 $t=$(　　).

A. 0　　B. 1　　C. 2　　D. 3

4. 用正交变换化下列二次型为标准形：

(1) $f=2x_1^2-x_2^2+4x_1x_2$；

(2) $f=x_1^2+x_3^2+2x_1x_2-2x_2x_3$.

习题 5.6

一、主要知识点回顾

1. 惯性定理:设二次型 $f=\boldsymbol{x}^{\mathrm{T}}\boldsymbol{A}\boldsymbol{x}$ 的秩为 r,且经过可逆线性变换 $\boldsymbol{x}=\boldsymbol{C}\boldsymbol{y}$ 可化为标准形 $f=\boldsymbol{x}^{\mathrm{T}}\boldsymbol{A}\boldsymbol{x}=\boldsymbol{y}^{\mathrm{T}}(\boldsymbol{C}^{\mathrm{T}}\boldsymbol{A}\boldsymbol{C})\boldsymbol{y}=k_1y_1^2+k_2y_2^2+\cdots+k_ny_n^2$,则在 f 的标准形中,

(1) $k_1,k_2,\cdots,k_n$ 中不为 0 的个数一定是__________;

(2) $k_1,k_2,\cdots,k_n$ 中正数个数 p 一定,称为 f 的__________________;

(3) $k_1,k_2,\cdots,k_n$ 中负数个数__________一定,称为 f 的负惯性指数.

2. n 元二次型 $f=\boldsymbol{x}^{\mathrm{T}}\boldsymbol{A}\boldsymbol{x}$ 为正定二次型的充要条件是它的标准形中 n 个系数__________,或者说 f 的正惯性指数为__________.

3. 实对称矩阵 $\boldsymbol{A}$ 为正定矩阵的充要条件是 $\boldsymbol{A}$ 的特征值______________.

4. 实对称矩阵 $\boldsymbol{A}$ 为正定矩阵的充要条件是 $\boldsymbol{A}$ 的顺序主子式______________.

5. 实对称矩阵 $\boldsymbol{A}$ 为负定矩阵的充要条件是 $\boldsymbol{A}$ 的奇数阶顺序主子式______________,$\boldsymbol{A}$ 的偶数阶顺序主子式______________.

二、典型习题强化练习

1. 若实对称矩阵 $\boldsymbol{A}$ 是正定的,则行列式 $|\boldsymbol{A}|$__________ 0.

2. 若二元二次型 $f(x_1,x_2)=\boldsymbol{x}^{\mathrm{T}}\boldsymbol{A}\boldsymbol{x}$ 正定,则 $\boldsymbol{A}$ 可取(   ).

A. $\begin{pmatrix}-2 & 1\\ 1 & -2\end{pmatrix}$　　B. $\begin{pmatrix}2 & -1\\ -1 & 2\end{pmatrix}$

C. $\begin{pmatrix}1 & -2\\ -2 & 1\end{pmatrix}$　　D. $\begin{pmatrix}1 & 2\\ 2 & 1\end{pmatrix}$

3. 下列不能说明 $\boldsymbol{A}$ 为正定矩阵的是(   ).

A. $\boldsymbol{A}$ 的 n 个特征值全为正　　B. $f=\boldsymbol{x}^{\mathrm{T}}\boldsymbol{A}\boldsymbol{x}$ 的标准形的 n 个系数全为正

C. $\boldsymbol{A}$ 与单位矩阵合同　　D. $f=\boldsymbol{x}^{\mathrm{T}}\boldsymbol{A}\boldsymbol{x}$ 的正惯性指数大于零

4. 判定下列二次型的正定性:

(1) $f=10x_1^2+2x_2^2+x_3^2+8x_1x_2+24x_1x_3-28x_2x_3$;

(2) $f=5x_1^2+x_2^2+5x_3^2+4x_1x_2-8x_1x_3-4x_2x_3$.

5. 当 t 为何值时，二次型 $f=x_1^2+2x_2^2+5x_3^2+2x_1x_2-2x_1x_3+4tx_2x_3$ 为正定二次型？

班级______________ 姓名______________ 学号______________

单元测试 5

1. 设 $\boldsymbol{\alpha}=(2,3,-1,2)^{\mathrm{T}}$，$\boldsymbol{\beta}=(k,1,5,3)^{\mathrm{T}}$，若 $\boldsymbol{\alpha}$，$\boldsymbol{\beta}$ 正交，则 $k=$______________.

2. 设矩阵 $\boldsymbol{A}$ 与 $\begin{pmatrix} -1 & 0 & 0 \\ 0 & 2 & 0 \\ 0 & 0 & 2 \end{pmatrix}$ 相似，则 $|\boldsymbol{A}^2+\boldsymbol{E}|=$______________.

3. 已知矩阵 $\boldsymbol{A}=\begin{pmatrix} 3 & 1 \\ a & 5 \end{pmatrix}$ 只有一个线性无关的特征向量，则 $a=$______________.

4. 二次型 $f=x_1^2+tx_2^2+tx_3^2+2x_1x_2+2x_1x_3+2x_2x_3$ 正定的充要条件是__________.

5. 设 λ 是正交矩阵 $\boldsymbol{A}$ 的一个实特征值，则（　　）.

A. $\lambda^2=1$　　B. $\lambda=1$

C. $\lambda=-1$　　D. $\lambda=0$

6. 设 $\boldsymbol{A}$，$\boldsymbol{B}$ 均为 n 阶矩阵，且 $\boldsymbol{A}$，$\boldsymbol{B}$ 相似，则（　　）.

A. $\lambda\boldsymbol{E}-\boldsymbol{A}=\lambda\boldsymbol{E}-\boldsymbol{B}$　　B. $\boldsymbol{A}$ 和 $\boldsymbol{B}$ 有相同的特征值和特征向量

C. $\boldsymbol{A}$ 和 $\boldsymbol{B}$ 都相似于同一个对角阵　　D. $\forall t\in\mathbf{R}$，使 $t\boldsymbol{E}-\boldsymbol{A}$ 与 $t\boldsymbol{E}-\boldsymbol{B}$ 相似

7. $\boldsymbol{A}$，$\boldsymbol{B}$ 是正交矩阵，且 $|\boldsymbol{A}|+|\boldsymbol{B}|=0$，证明 $\boldsymbol{A}+\boldsymbol{B}$ 不可逆.

8. 已知二次型 $f(x_1,x_2,x_3)=4x_2^2-3x_3^2+4x_1x_2+8x_2x_3-4x_1x_3$，

(1) 写出二次型 f 的矩阵 $\boldsymbol{A}$；

(2) 用正交变换把二次型 f 化为标准形，并写出相应的正交矩阵 $\boldsymbol{P}$.

班级______ 姓名______ 学号______

模拟试卷 1

一、单项选择题(每题 3 分，共 15 分)

1. 设行列式 $\begin{vmatrix} a_{11} & a_{12} & a_{13} \\ a_{21} & a_{22} & a_{23} \\ a_{31} & a_{32} & a_{33} \end{vmatrix}=m$,则 $\begin{vmatrix} 3a_{11} & 3a_{12} & 3a_{13} \\ a_{21}-a_{31} & a_{22}-a_{32} & a_{23}-a_{33} \\ -a_{21} & -a_{22} & -a_{23} \end{vmatrix}=$(　　).

A. $-6m$　　B. $-3m$　　C. $3m$　　D. $6m$

2. 下列结论正确的是(　　).

A. 若矩阵 $\boldsymbol{A},\boldsymbol{B}$ 可逆,则 $\boldsymbol{AB}$ 可逆

B. 若 $\boldsymbol{A}$ 为 n 阶矩阵且 $\boldsymbol{A}\neq\boldsymbol{0}$,则 $\boldsymbol{A}$ 可逆

C. 对任意 n 阶矩阵 $\boldsymbol{A},\boldsymbol{B}$,均有 $|\boldsymbol{AB}|=|\boldsymbol{BA}|$

D. $\boldsymbol{A},\boldsymbol{B}$ 为同阶矩阵,则 $\boldsymbol{AB}=\boldsymbol{BA}$

3. 设 $\boldsymbol{A}$ 为 $m\times n$ 矩阵,则齐次线性方程组 $\boldsymbol{AX}=\boldsymbol{0}$ 有非零解的充要条件是(　　).

A. $\boldsymbol{A}$ 的列向量组线性相关　　B. $\boldsymbol{A}$ 的列向量组线性无关

C. $\boldsymbol{A}$ 的行向量组线性相关　　D. $\boldsymbol{A}$ 的行向量组线性无关

4. 设矩阵 $\boldsymbol{A}=\begin{pmatrix} 1 & 0 & -1 & 0 \\ 0 & -2 & 3 & 4 \\ 0 & 0 & 0 & 5 \end{pmatrix}$,则矩阵 $\boldsymbol{A}$ 中(　　).

A. 所有 2 阶子式都为 0　　B. 所有 2 阶子式都不为 0

C. 所有 3 阶子式都不为 0　　D. 存在 1 个 3 阶子式不为 0

5. 设 $\boldsymbol{\alpha}_1,\boldsymbol{\alpha}_2,\cdots,\boldsymbol{\alpha}_k$ 是 n 维列向量,则 $\boldsymbol{\alpha}_1,\boldsymbol{\alpha}_2,\cdots,\boldsymbol{\alpha}_k$ 线性无关的充要条件是(　　).

A. 向量组 $\boldsymbol{\alpha}_1,\boldsymbol{\alpha}_2,\cdots,\boldsymbol{\alpha}_k$ 中任意两个向量线性无关

B. 存在一组不全为零的数 $l_1,l_2,\cdots,l_k$,使得 $l_1\boldsymbol{\alpha}_1+l_2\boldsymbol{\alpha}_2+\cdots+l_k\boldsymbol{\alpha}_k\neq\boldsymbol{0}$

C. 向量组 $\boldsymbol{\alpha}_1,\boldsymbol{\alpha}_2,\cdots,\boldsymbol{\alpha}_k$ 中任意一个向量都不能由其余向量线性表示

D. 向量组 $\boldsymbol{\alpha}_1,\boldsymbol{\alpha}_2,\cdots,\boldsymbol{\alpha}_k$ 中存在一个向量不能由其余向量线性表示

二、填空题(每空 2 分,共 20 分)

1. 四阶行列式 D 中第三列元素分别为$-1,2,0,1$,它们的余子式分别为$5,3,-7,4$,则 $D=$______.

2. 设 $\boldsymbol{A}=\begin{pmatrix} 2016 & 0 & 0 & 0 \\ 0 & 5 & 2 & 0 \\ 0 & 2 & 1 & 0 \\ 0 & 0 & 0 & \frac{1}{2016} \end{pmatrix}$,则 $\boldsymbol{A}^{-1}=$______, $|2\boldsymbol{A}^{\mathrm{T}}|=$______.

3. 若向量组 $\boldsymbol{\alpha}=(1,2,1)^{\mathrm{T}},\boldsymbol{\beta}=(k-1,4,2)^{\mathrm{T}}$ 线性相关,则数 $k=$______.

4. 设向量 $\boldsymbol{\alpha}=(1,2,-2)^{\mathrm{T}}$，$\boldsymbol{\beta}=(2,a,3)^{\mathrm{T}}$，且 $\boldsymbol{\alpha}$ 与 $\boldsymbol{\beta}$ 正交，则 $a=$__________.

5. 非齐次线性方程组 $\boldsymbol{AX}=\boldsymbol{b}$ 有解的充要条件是____________________.

6. 方程组 $x+y+z=0$ 的基础解系是______________________________.

7. 若矩阵 $\boldsymbol{A}$ 与 $\begin{pmatrix}1 & 0\\0 & 2\end{pmatrix}$ 相似，则 $|\boldsymbol{A}|=$__________，$\boldsymbol{A}^2+\boldsymbol{A}$ 的特征值为__________.

8. 实向量空间 $V=\{(x,y,0)\mid x,y\in\mathbf{R}\}$ 的维数为__________.

三、计算题(第 1 题 10 分，第 2 题 12 分，共 22 分)

1. 计算行列式 $\begin{vmatrix}1 & 1 & -1 & 2\\-1 & -1 & -4 & 1\\2 & 4 & -6 & 1\\1 & 2 & 4 & 2\end{vmatrix}$.

2. 设 $\boldsymbol{A}=\begin{pmatrix}0 & 3 & 3\\1 & 1 & 0\\-1 & 2 & 3\end{pmatrix}$，且 $\boldsymbol{AX}=\boldsymbol{A}+2\boldsymbol{X}$，求矩阵 $\boldsymbol{X}$.

四、解答题(第 1 题 10 分,第 2 题 10 分,第 3 题 12 分,共 32 分)

1. 求向量组 $\boldsymbol{\alpha}_1=(1,-1,0,0)^{\mathrm{T}}$, $\boldsymbol{\alpha}_2=(-1,2,1,-1)^{\mathrm{T}}$, $\boldsymbol{\alpha}_3=(0,1,1,-1)^{\mathrm{T}}$, $\boldsymbol{\alpha}_4=(-1,3,2,1)^{\mathrm{T}}$, $\boldsymbol{\alpha}_5=(-2,6,4,1)^{\mathrm{T}}$ 的秩以及一个极大线性无关组,并将其余向量通过极大线性无关组表示出来.

2. 求线性方程组$\begin{cases} x_1-2x_2+x_3+2x_4=-2, \\ 2x_1+3x_2-x_3-5x_4=9, \\ 4x_1-x_2+x_3-x_4=5, \\ 5x_1-3x_2+2x_3+x_4=3 \end{cases}$的通解.

3. 已知二次型 $f(x_1,x_2,x_3)=2x_1^2+3x_2^2+3x_3^2+4x_2x_3$,

(1) 写出该二次型的矩阵 $\boldsymbol{A}$,并用 $\boldsymbol{A}$ 把它写成矩阵形式;

(2) 求一个正交变换 $\boldsymbol{x}=\boldsymbol{P}\boldsymbol{y}$,化该二次型为标准形,并写出标准形;

(3) 判定该二次型的正定性.

五、证明题(第 1 题 6 分,第 2 题 5 分,共 11 分)

1. 设 $\boldsymbol{A},\boldsymbol{B}$ 均为 n 阶方阵,满足 $\boldsymbol{A}^2+\boldsymbol{AB}+\boldsymbol{B}^2=\boldsymbol{O}$,其中 $\boldsymbol{B}$ 为可逆方阵,证明:$\boldsymbol{A}$ 和 $\boldsymbol{A}+\boldsymbol{B}$ 均可逆.

2. 设 $\boldsymbol{\beta}$ 可由向量组 $A:\boldsymbol{\alpha}_1,\boldsymbol{\alpha}_2,\cdots,\boldsymbol{\alpha}_k$ 线性表示,但不能由 $\boldsymbol{\alpha}_1,\boldsymbol{\alpha}_2,\cdots,\boldsymbol{\alpha}_{k-1}$ 线性表示,证明:$\boldsymbol{\alpha}_k$ 可由 $\boldsymbol{\alpha}_1,\boldsymbol{\alpha}_2,\cdots,\boldsymbol{\alpha}_{k-1},\boldsymbol{\beta}$ 线性表示.

班级____________ 姓名____________ 学号____________

模拟试卷 2

一、单项选择题(每题 3 分,共 15 分)

1. 行列式 $\begin{vmatrix} 2x & x & 1 & 2 \\ 1 & x & 1 & -1 \\ 3 & 2 & x & 1 \\ 1 & 1 & 1 & x \end{vmatrix}$ 中 x^3 的系数是(　　).

A. 3　　B. -3　　C. -1　　D. 1

2. 下列结论正确的是(　　).

A. 若矩阵 $\boldsymbol{A},\boldsymbol{B}$ 可逆,则 $\boldsymbol{A}+\boldsymbol{B}$ 可逆

B. 若 $\boldsymbol{A}$ 为 n 阶矩阵且 $\boldsymbol{A}\neq\boldsymbol{0}$,则 $\boldsymbol{A}$ 可逆

C. 对任意 n 阶矩阵 $\boldsymbol{A},\boldsymbol{B}$,均有 $(\boldsymbol{A}-\boldsymbol{B})^2=\boldsymbol{A}^2-2\boldsymbol{AB}+\boldsymbol{B}^2$

D. 若 $\boldsymbol{A},\boldsymbol{B}$ 为同阶方阵且 $\boldsymbol{A}$ 或 $\boldsymbol{B}$ 不可逆,则 $\boldsymbol{AB}$ 必不可逆

3. 设三元非齐次线性方程组 $\boldsymbol{Ax}=\boldsymbol{b}$ 的两个解为 $\boldsymbol{\alpha}=(1,0,2)^{\mathrm{T}}$,$\boldsymbol{\beta}=(1,-1,3)^{\mathrm{T}}$,且 $R(\boldsymbol{A})=2$,则对于任意常数 k,k_1,k_2,方程组的通解可表示为(　　).

A. $k_1\boldsymbol{\alpha}+k_2\boldsymbol{\beta}$　　B. $(k+1)\boldsymbol{\alpha}-k\boldsymbol{\beta}$　　C. $k\boldsymbol{\alpha}+\boldsymbol{\beta}$　　D. $(k+1)\boldsymbol{\alpha}+k\boldsymbol{\beta}$

4. 设 $\boldsymbol{A}$ 是 n 阶方阵且满足 $\boldsymbol{A}^2+\boldsymbol{A}-2\boldsymbol{E}=\boldsymbol{0}$,则 $\boldsymbol{A}$ 的逆矩阵是(　　).

A. $\boldsymbol{A}-\boldsymbol{E}$　　B. $\boldsymbol{E}-\boldsymbol{A}$　　C. $(\boldsymbol{A}+\boldsymbol{E})/2$　　D. $(\boldsymbol{E}-\boldsymbol{A})/2$

5. 下列结论正确的是(　　).

A. 若向量组 $\boldsymbol{\alpha}_1,\boldsymbol{\alpha}_2,\cdots,\boldsymbol{\alpha}_r,\cdots,\boldsymbol{\alpha}_m$ 线性相关,则向量组 $\boldsymbol{\alpha}_1,\boldsymbol{\alpha}_2,\cdots,\boldsymbol{\alpha}_r$ 线性相关

B. 若向量组 $\boldsymbol{\alpha}_1,\boldsymbol{\alpha}_2,\cdots,\boldsymbol{\alpha}_s$ 线性相关,则其中每个向量都可表示为其他向量的线性组合

C. 向量组线性无关的充要条件是其中任意一个向量都不能由其余向量线性表示

D. 三维实向量 $\boldsymbol{\alpha}_1,\boldsymbol{\alpha}_2,\boldsymbol{\alpha}_3$ 必线性相关

二、填空题(每空 2 分,共 20 分)

1. 设 $\boldsymbol{A}$ 是正交矩阵,则 $\boldsymbol{A}$ 的行列式 $|\boldsymbol{A}|=$__________.

2. 设 $|\boldsymbol{A}|=\begin{vmatrix} 1 & 0 & 1 & 2 \\ -1 & 1 & 0 & 3 \\ 1 & 1 & 1 & 0 \\ -1 & 2 & 5 & 4 \end{vmatrix}$,则 $\boldsymbol{A}_{12}-\boldsymbol{A}_{22}+\boldsymbol{A}_{32}-\boldsymbol{A}_{42}=$__________.

3. 设 $\boldsymbol{A}^*$ 是三阶方阵 $\boldsymbol{A}$ 的伴随矩阵,$|\boldsymbol{A}|=\dfrac{1}{2}$,则 $|(3\boldsymbol{A})^{-1}-2\boldsymbol{A}^*|=$__________.

4. 设矩阵 $\boldsymbol{A}=\begin{pmatrix} 1 & 0 & 1 \\ 0 & 2 & 0 \\ 0 & 0 & 1 \end{pmatrix}$,矩阵 $\boldsymbol{B}=\boldsymbol{A}-\boldsymbol{E}$,则 $R(\boldsymbol{B})=$__________.

5. 设 $\boldsymbol{A}$ 是 4×3 矩阵,若齐次线性方程组 $\boldsymbol{AX}=\boldsymbol{0}$ 只有零解,则矩阵 $\boldsymbol{A}$ 的秩 $R(\boldsymbol{A})=$ ________.

6. 若 $\boldsymbol{A}=\begin{pmatrix}1 & 1 & 0\\ 1 & 2+a & 0\\ 0 & 0 & 1-a\end{pmatrix}$ 为正定矩阵,则 a 的取值范围是________.

7. 设 $\boldsymbol{A}$ 是 $m\times n$ 矩阵,$R(\boldsymbol{A})=r$,则 $\boldsymbol{AX}=\boldsymbol{0}$ 的基础解系中含________个向量.

8. 已知三元非齐次线性方程组 $\boldsymbol{AX}=\boldsymbol{b}$ 的增广矩阵经初等行变换化为 $\begin{pmatrix}1 & -2 & 3 & -1\\ 0 & 2 & -1 & 2\\ 0 & 0 & a(a-1) & a-1\end{pmatrix}$,若方程组无解,则 a 的取值为________.

9. 若二阶矩阵 $\boldsymbol{A}$ 的特征值为 $-2,-4$,则 $\boldsymbol{A}$ 的行列式 $|\boldsymbol{A}|=$________.

10. 实向量空间 $V=\{(x,y,z)\mid x+y+z=0\}$ 的维数为________.

三、计算题(第 1 题 10 分,第 2 题 12 分,共 22 分)

1. 计算行列式 $\begin{vmatrix}4 & 1 & 2 & 4\\ 1 & 2 & 0 & 2\\ 10 & 5 & 2 & 0\\ 0 & 1 & 1 & 7\end{vmatrix}$.

2. 设 $\boldsymbol{A}=\begin{pmatrix}2 & 1 & 1\\ 2 & 1 & 0\\ 1 & 1 & 0\end{pmatrix}$,$\boldsymbol{B}=\begin{pmatrix}1 & 1 & 3\\ 4 & 3 & 2\end{pmatrix}$,且 $\boldsymbol{XA}=\boldsymbol{B}$,求矩阵 $\boldsymbol{X}$.

班级______________ 姓名______________ 学号______________

四、解答题(第 1 题 10 分,第 2 题 10 分,第 3 题 12 分,共 32 分)

1. 求向量组 $\boldsymbol{\alpha}_1=(1,0,1,2)^{\mathrm{T}}$,$\boldsymbol{\alpha}_2=(0,1,1,2)^{\mathrm{T}}$,$\boldsymbol{\alpha}_3=(-1,1,0,3)^{\mathrm{T}}$,$\boldsymbol{\alpha}_4=(1,2,3,6)^{\mathrm{T}}$,$\boldsymbol{\alpha}_5=(1,1,2,4)^{\mathrm{T}}$ 的秩以及一个极大线性无关组,并将其余向量通过极大线性无关组表示出来.

2. 当 λ 为何值时，线性方程组 $\begin{cases}2x_1-x_2+x_3+x_4=1,\\x_1+2x_2-x_3+4x_4=2,\\x_1+7x_2-4x_3+11x_4=\lambda\end{cases}$ 有解？有解时求其通解.

3. 已知实对称矩阵 $\begin{pmatrix}1 & 2 & 3\\2 & 1 & 3\\3 & 3 & 6\end{pmatrix}$，求正交阵 $\boldsymbol{P}$，使 $\boldsymbol{P}^{-1}\boldsymbol{AP}$ 为对角阵，并求此对角阵.

五、证明题(第 1 题 6 分,第 2 题 5 分,共 11 分)

1. 设 $\boldsymbol{A}$ 为 n 阶可逆阵,且满足 $\boldsymbol{A}^2=|\boldsymbol{A}|\boldsymbol{E}$,其中 $\boldsymbol{E}$ 为 n 阶单位阵,证明:$\boldsymbol{A}=\boldsymbol{A}^*$,其中 $\boldsymbol{A}^*$ 为 $\boldsymbol{A}$ 的伴随矩阵.

2. 设 $\boldsymbol{\eta}^*$ 是非齐次线性方程组 $\boldsymbol{Ax}=\boldsymbol{b}$ 的一个解,$\boldsymbol{\xi}_1,\boldsymbol{\xi}_2,\cdots,\boldsymbol{\xi}_{n-r}$ 是其导出组的一个基础解系,证明:$\boldsymbol{\eta}^*,\boldsymbol{\xi}_1,\boldsymbol{\xi}_2,\cdots,\boldsymbol{\xi}_{n-r}$ 线性无关.

班级______________ 姓名______________ 学号______________

模拟试卷 3

一、单项选择题(每题 3 分,共 15 分)

1. 设行列式 $\begin{vmatrix} a_{11} & a_{12} & a_{13} \\ a_{21} & a_{22} & a_{23} \\ a_{31} & a_{32} & a_{33} \end{vmatrix}=M$,则行列式 $\begin{vmatrix} 2a_{21} & -a_{11} & 3a_{31}+7a_{21} \\ 2a_{22} & -a_{12} & 3a_{32}+7a_{22} \\ 2a_{23} & -a_{13} & 3a_{33}+7a_{23} \end{vmatrix}=$(　　).

A. M　　B. $-M$　　C. $6M$　　D. $-6M$

2. 下列结论正确的是(　　).

A. 线性无关的向量组一定是正交向量组

B. 同阶矩阵有相同的特征值,则它们一定相似

C. 线性无关的向量组的部分组一定线性无关

D. 矩阵的初等变换可能改变矩阵的秩

3. 若 $\boldsymbol{A},\boldsymbol{B}$ 为同阶矩阵,则下列命题正确的是(　　).

A. $\boldsymbol{A},\boldsymbol{B}$ 可逆,则 $\boldsymbol{A}+\boldsymbol{B}$ 可逆　　B. $\boldsymbol{A},\boldsymbol{B}$ 可逆,则 $\boldsymbol{A}-\boldsymbol{B}$ 可逆

C. $\boldsymbol{A},\boldsymbol{B}$ 可逆,则 $\boldsymbol{AB}$ 可逆　　D. $\boldsymbol{A}+\boldsymbol{B}$ 可逆,则 $\boldsymbol{A},\boldsymbol{B}$ 可逆

4. 已知向量组 $\boldsymbol{\alpha}_1,\boldsymbol{\alpha}_2,\boldsymbol{\alpha}_3$ 线性无关,$\boldsymbol{\alpha}_1,\boldsymbol{\alpha}_2,\boldsymbol{\alpha}_3,\boldsymbol{\beta}$ 线性相关,则(　　).

A. $\boldsymbol{\alpha}_1$ 必能由 $\boldsymbol{\alpha}_2,\boldsymbol{\alpha}_3,\boldsymbol{\beta}$ 线性表示　　B. $\boldsymbol{\alpha}_2$ 必能由 $\boldsymbol{\alpha}_1,\boldsymbol{\alpha}_3,\boldsymbol{\beta}$ 线性表示

C. $\boldsymbol{\alpha}_3$ 必能由 $\boldsymbol{\alpha}_1,\boldsymbol{\alpha}_2,\boldsymbol{\beta}$ 线性表示　　D. $\boldsymbol{\beta}$ 必能由 $\boldsymbol{\alpha}_1,\boldsymbol{\alpha}_2,\boldsymbol{\alpha}_3$ 线性表示

5. 下列矩阵中与 $\begin{pmatrix} 1 & 0 \\ 0 & 2 \end{pmatrix}$ 相似的是(　　).

A. $\begin{pmatrix} 1 & 0 \\ 0 & 1 \end{pmatrix}$　　B. $\begin{pmatrix} 2 & 1 \\ 0 & 1 \end{pmatrix}$　　C. $\begin{pmatrix} 1 & 2 \\ 3 & 4 \end{pmatrix}$　　D. $\begin{pmatrix} -1 & 1 \\ 1 & 2 \end{pmatrix}$

二、填空题(每空 2 分,共 20 分)

1. 设 $\boldsymbol{A},\boldsymbol{B}$ 是三阶方阵,$|\boldsymbol{A}|=8$,$\boldsymbol{B}=-5\boldsymbol{E}$,则 $|4\boldsymbol{A}^{-1}|=$____________,$|\boldsymbol{BA}^{\mathrm{T}}|=$____________.

2. 方程 $\begin{vmatrix} 1 & 1 & 1 \\ x & 2 & 3 \\ x^2 & 4 & 9 \end{vmatrix}=0$ 的根是____________________________.

3. 包含零向量的向量组必定______________________(填线性相关性).

4. 向量 $\boldsymbol{\alpha}=(1,2,0,2)^{\mathrm{T}}$ 与 $\boldsymbol{\beta}=(3,1,2,2)^{\mathrm{T}}$ 的夹角为______________________.

5. 若矩阵 $\boldsymbol{A}$ 相似于 $\begin{pmatrix} 2 & 0 & 0 \\ 0 & 3 & 0 \\ 0 & 0 & -4 \end{pmatrix}$,则 $\det \boldsymbol{A}=$______________,$\boldsymbol{A}^2+\boldsymbol{A}$ 的特征值为______________.

6. 矩阵 $\boldsymbol{A}=\begin{pmatrix}1 & 2 & 0\\ 3 & 4 & 0\\ 0 & 0 & 2018\end{pmatrix}$,则 $\boldsymbol{A}^{-1}=$________.

7. 若 $\boldsymbol{A}$ 为正交矩阵,则 $\boldsymbol{A}$ 的行或列向量组是________.

8. 方程组 $\begin{cases}x_1+\lambda x_2+x_3=0,\\ x_1-x_2+x_3=0,\\ \lambda x_1+x_2+2x_3=0\end{cases}$ 有非零解,则 λ 满足________.

三、计算题(第 1 题 8 分,第 2 题 14 分,共 22 分)

1. 计算行列式 $D=\begin{vmatrix}3 & 1 & -1 & 4\\ 2 & 0 & 4 & 0\\ 1 & 1 & -2 & 3\\ 5 & 8 & -6 & 10\end{vmatrix}$.

2. 已知 $\boldsymbol{A}=\begin{pmatrix}1 & 2 & 1\\ -3 & 1 & 2\end{pmatrix}$,$\boldsymbol{B}=\begin{pmatrix}-1 & 2 & 3\\ 4 & 0 & -2\end{pmatrix}$,$\boldsymbol{C}=\begin{pmatrix}2 & 0\\ 1 & 1\\ -1 & 2\end{pmatrix}$,

(1) 解矩阵方程:$3\boldsymbol{A}+2\boldsymbol{X}=5\boldsymbol{B}$;

(2) 计算 $\boldsymbol{AC}$,并判断 $\boldsymbol{AC}$ 是否可逆,若可逆,求其逆矩阵.

四、解答题(第 1 题 12 分,第 2 题 10 分,第 3 题 12 分,共 34 分)

1. 求向量组 $\boldsymbol{\alpha}_1=(1,0,1,-1)^{\mathrm{T}}$, $\boldsymbol{\alpha}_2=(2,-1,4,3)^{\mathrm{T}}$, $\boldsymbol{\alpha}_3=(3,1,1,0)^{\mathrm{T}}$, $\boldsymbol{\alpha}_4=(7,0,7,-3)^{\mathrm{T}}$ 的秩和一个极大无关组,并把其余向量用该极大无关组线性表示.

2. 求线性方程组$\begin{cases}2x_1-2x_2+x_3-x_4+x_5=1,\\ x_1+2x_2-x_3+x_4-2x_5=1,\\ 4x_1-10x_2+5x_3-5x_4+7x_5=1,\\ 2x_1-14x_2+7x_3-7x_4+11x_5=-1\end{cases}$的通解.

3. 已知二次型 $f(x_1,x_2,x_3)=x_1^2+x_2^2+2x_3^2+2x_1x_3+2x_2x_3$，

(1) 写出该二次型的矩阵 $\boldsymbol{A}$，并用 $\boldsymbol{A}$ 把它写成矩阵形式；

(2) 求一个正交变换 $\boldsymbol{x}=\boldsymbol{P}\boldsymbol{y}$，化该二次型为标准形，并写出标准形.

五、证明题(第 1 题 5 分,第 2 题 4 分,共 9 分)

1. 已知向量组 $\boldsymbol{\alpha}_1,\boldsymbol{\alpha}_2,\boldsymbol{\alpha}_3$ 线性无关,证明向量组 $\boldsymbol{\beta}_1=\boldsymbol{\alpha}_1+\boldsymbol{\alpha}_2-3\boldsymbol{\alpha}_3,\boldsymbol{\beta}_2=\boldsymbol{\alpha}_2+2\boldsymbol{\alpha}_3,\boldsymbol{\beta}_3=7\boldsymbol{\alpha}_3$ 也线性无关.

2. 设 n 阶方阵 $\boldsymbol{A}$ 满足 $\boldsymbol{A}^2+\boldsymbol{A}-4\boldsymbol{E}=\boldsymbol{0}$,证明:$\boldsymbol{A}+2\boldsymbol{E}$ 可逆,且 $(\boldsymbol{A}+2\boldsymbol{E})^{-1}=\frac{1}{2}(\boldsymbol{A}-\boldsymbol{E})$.

班级________ 姓名________ 学号________

模拟试卷 4

一、单项选择题(每题 3 分,共 15 分)

1. 设矩阵 $\boldsymbol{A}$ 的伴随矩阵 $\boldsymbol{A}^*=\begin{pmatrix}1&2\\3&4\end{pmatrix}$,则 $\boldsymbol{A}^{-1}=$( ).

A. $-\frac{1}{2}\begin{pmatrix}4&-3\\-2&1\end{pmatrix}$ B. $-\frac{1}{2}\begin{pmatrix}1&-2\\-3&4\end{pmatrix}$

C. $-\frac{1}{2}\begin{pmatrix}1&2\\3&4\end{pmatrix}$ D. $-\frac{1}{2}\begin{pmatrix}4&2\\3&1\end{pmatrix}$

2. 同阶方阵 $\boldsymbol{A}$ 和 $\boldsymbol{B}$ 相似的充要条件是( ).

A. 存在可逆矩阵 $\boldsymbol{P}$,使 $\boldsymbol{P}^{-1}\boldsymbol{AP}=\boldsymbol{B}$ B. 存在可逆矩阵 $\boldsymbol{P}$,使 $\boldsymbol{P}^{\mathrm{T}}\boldsymbol{AP}=\boldsymbol{B}$

C. 存在可逆矩阵 $\boldsymbol{P},\boldsymbol{Q}$,使 $\boldsymbol{PAQ}=\boldsymbol{B}$ D. $\boldsymbol{A}$ 可以经过有限次初等变换变成 $\boldsymbol{B}$

3. 设 $\boldsymbol{A}$ 为三阶方阵,$\boldsymbol{B}$ 为四阶方阵,且行列式 $|\boldsymbol{A}|=1$,$|\boldsymbol{B}|=-2$,则行列式 $||\boldsymbol{B}|\boldsymbol{A}|=$( ).

A. -8 B. -2 C. 2 D. 8

4.若方程组 $\begin{cases}x_1+2x_2-x_3=\lambda-1,\\3x_2-x_3=\lambda-2,\\\lambda x_2-x_3=(\lambda-3)(\lambda-4)+\lambda-2\end{cases}$ 有无穷多解,则 $\lambda=$( ).

A. 1 B. 2 C. 3 D. 4

5. 下列命题正确的是( ).

A. 正交矩阵的行列式都等于 1 B. 正交矩阵的和必是正交矩阵

C. 正交矩阵的积必是正交矩阵 D. 特征值为 1 的矩阵就是正交矩阵

二、填空题(每空 2 分,共 20 分)

1. 设 $\boldsymbol{A}^{-1}=\begin{pmatrix}2&4\\6&8\end{pmatrix}$,则 $\boldsymbol{A}=$________,$|4\boldsymbol{A}^{-1}|=$________,$|\boldsymbol{A}^{\mathrm{T}}|=$________.

2. 方程 $\begin{vmatrix}1&1&1&1\\1&2&3&x\\1&4&9&x^2\\1&8&27&x^3\end{vmatrix}=0$ 的全部根为________________.

3. 若矩阵 $\boldsymbol{A}$ 相似于 $\begin{pmatrix}2&0&0\\0&-1&0\\0&0&3\end{pmatrix}$,则 $\boldsymbol{A}^2$ 的特征值为________,$\det\boldsymbol{A}=$________.

4. 若矩阵 $\boldsymbol{A}=\begin{pmatrix}2&4&0\\-2&1&0\\0&0&2011\end{pmatrix}$,则 $\boldsymbol{A}^{-1}=$________________.

5. 4 维向量组 $\boldsymbol{\alpha}_1,\boldsymbol{\alpha}_2,\cdots,\boldsymbol{\alpha}_n$ 与向量组 $\boldsymbol{e}_1=(2,0,0,0)^{\mathrm{T}},\boldsymbol{e}_2=(0,0,3,0)^{\mathrm{T}},\boldsymbol{e}_3=(0,0,0,8)^{\mathrm{T}}$ 等价,则向量组 $\boldsymbol{\alpha}_1,\boldsymbol{\alpha}_2,\cdots,\boldsymbol{\alpha}_n$ 的秩为____________.

6. 向量 $\boldsymbol{\alpha}=(1,2,0,2)^{\mathrm{T}}$ 与 $\boldsymbol{\beta}=(3,1,2,-2)^{\mathrm{T}}$ 的内积 $[\boldsymbol{\alpha},\boldsymbol{\beta}]=$________________.

7. $n+1$ 个 n 维向量必定____________________(填线性相关性).

三、计算题(本题 12 分)

已知 $\boldsymbol{A}=\begin{pmatrix}2&3&-1\\4&-5&2\end{pmatrix},\boldsymbol{B}=\begin{pmatrix}-1&2&0\\4&0&-2\end{pmatrix},\boldsymbol{C}=\begin{pmatrix}2&1\\0&2\\-1&1\end{pmatrix}$,

(1) 若 $2\boldsymbol{A}+3\boldsymbol{X}=5\boldsymbol{B}$,求 $\boldsymbol{X}$;

(2) 计算 $\boldsymbol{AC}$,并判断 $\boldsymbol{AC}$ 是否可逆,若可逆,求其逆矩阵.

班级______________ 姓名______________ 学号______________

四、解答题(第 1 题 12 分,第 2 题 18 分,第 3 题 12 分,共 42 分)

1. 求齐次线性方程组$\begin{cases}3x_1+4x_2-5x_3+7x_4=0,\\2x_1-3x_2+3x_3-2x_4=0,\\4x_1+11x_2-13x_3+16x_4=0,\\7x_1-2x_2+x_3+3x_4=0\end{cases}$的基础解系和通解.

2. 若行列式 $D=\begin{vmatrix} 3 & 3 & 3 & 3 \\ 2 & -1 & -1 & 5 \\ -5 & 5 & 3 & -13 \\ 4 & 0 & -3 & 11 \end{vmatrix}$，其各列元素构成的向量分别记为 $\boldsymbol{\alpha}_1=(3,2,-5,4)^{\mathrm{T}}$，$\boldsymbol{\alpha}_2=(3,-1,5,0)^{\mathrm{T}}$，$\boldsymbol{\alpha}_3=(3,-1,3,-3)^{\mathrm{T}}$，$\boldsymbol{\alpha}_4=(3,5,-13,11)^{\mathrm{T}}$，

(1) 求 D 的值；

(2) 判断向量组 $\boldsymbol{\alpha}_1,\boldsymbol{\alpha}_2,\boldsymbol{\alpha}_3,\boldsymbol{\alpha}_4$ 的线性相关性；

(3) 求向量组 $\boldsymbol{\alpha}_1,\boldsymbol{\alpha}_2,\boldsymbol{\alpha}_3,\boldsymbol{\alpha}_4$ 的秩及一个极大无关组.

3. 已知二次型 $f(x_1,x_2,x_3)=x_1^2+4x_2^2+x_3^2-4x_1x_2-8x_1x_3-4x_2x_3$，

(1) 写出该二次型的矩阵 $\boldsymbol{A}$，并用 $\boldsymbol{A}$ 把它写成矩阵形式；

(2) 求一个正交变换 $\boldsymbol{x}=\boldsymbol{P}\boldsymbol{y}$，化该二次型为标准形，并写出标准形.

五、证明题(第1题6分,第2题5分,共11分)

1. 已知向量组 $\boldsymbol{\alpha}_1,\boldsymbol{\alpha}_2,\boldsymbol{\alpha}_3$ 线性无关,证明向量组 $\boldsymbol{\beta}_1=\boldsymbol{\alpha}_1+\boldsymbol{\alpha}_2,\boldsymbol{\beta}_2=\boldsymbol{\alpha}_2+\boldsymbol{\alpha}_3,\boldsymbol{\beta}_3=\boldsymbol{\alpha}_3+\boldsymbol{\alpha}_1$ 也线性无关.

2. 设方阵 $\boldsymbol{A}$ 可逆,数 $\lambda\neq0$,证明:$\lambda\boldsymbol{A}$ 可逆,且 $(\lambda\boldsymbol{A})^{-1}=\frac{1}{\lambda}\boldsymbol{A}^{-1}$.

班级______________ 姓名______________ 学号______________

模拟试卷 5

一、单项选择题(每题 3 分,共 15 分)

1. 设 $\begin{vmatrix} a_{11} & a_{12} \\ a_{21} & a_{22} \end{vmatrix}=m$, $\begin{vmatrix} a_{13} & a_{11} \\ a_{23} & a_{21} \end{vmatrix}=n$,则 $\begin{vmatrix} a_{11} & a_{12}+a_{13} \\ a_{21} & a_{22}+a_{23} \end{vmatrix}=$(　　).

A. $m+n$　　B. $-(m+n)$　　C. $n-m$　　D. $m-n$

2. 非齐次线性方程组 $\boldsymbol{A}_{5\times 5}\boldsymbol{X}=\boldsymbol{b}$ 在以下(　　)情形下有无穷多解.

A. $R(\boldsymbol{A})=4, R(\boldsymbol{A},\boldsymbol{b})=5$　　B. $R(\boldsymbol{A})=3, R(\boldsymbol{A},\boldsymbol{b})=4$

C. $R(\boldsymbol{A})=4, R(\boldsymbol{A},\boldsymbol{b})=4$　　D. $R(\boldsymbol{A})=5, R(\boldsymbol{A},\boldsymbol{b})=5$

3. 设 $\boldsymbol{A}$ 为 n 阶可逆矩阵,则下列(　　)恒成立.

A. $(2\boldsymbol{A})^{-1}=2\boldsymbol{A}^{-1}$　　B. $(2\boldsymbol{A}^{-1})^{\mathrm{T}}=(2\boldsymbol{A}^{\mathrm{T}})^{-1}$

C. $((\boldsymbol{A}^{-1})^{-1})^{\mathrm{T}}=((\boldsymbol{A}^{\mathrm{T}})^{-1})^{-1}$　　D. $((\boldsymbol{A}^{-1})^{-1})^{\mathrm{T}}=((\boldsymbol{A}^{\mathrm{T}})^{\mathrm{T}})^{-1}$

4. 设 $\boldsymbol{\alpha}_1,\boldsymbol{\alpha}_2,\boldsymbol{\alpha}_3,\boldsymbol{\beta}$ 均为 n 维向量,又 $\boldsymbol{\alpha}_1,\boldsymbol{\alpha}_2,\boldsymbol{\beta}$ 线性相关,$\boldsymbol{\alpha}_2,\boldsymbol{\alpha}_3,\boldsymbol{\beta}$ 线性无关,则下列结论正确的是(　　).

A. $\boldsymbol{\alpha}_1,\boldsymbol{\alpha}_2,\boldsymbol{\alpha}_3$ 线性相关　　B. $\boldsymbol{\alpha}_1,\boldsymbol{\alpha}_2,\boldsymbol{\alpha}_3$ 线性无关

C. $\boldsymbol{\alpha}_1$ 可由 $\boldsymbol{\alpha}_2,\boldsymbol{\alpha}_3,\boldsymbol{\beta}$ 线性表示　　D. $\boldsymbol{\beta}$ 可由 $\boldsymbol{\alpha}_1,\boldsymbol{\alpha}_2$ 线性表示

5. 若 $\boldsymbol{A},\boldsymbol{B}$ 是两个 n 阶正交矩阵,则下列结论不正确的是(　　).

A. $\boldsymbol{A}+\boldsymbol{B}$ 是正交矩阵　　B. $\boldsymbol{AB}$ 是正交矩阵

C. $\boldsymbol{A}^{-1}$是正交矩阵　　D. $\boldsymbol{B}^{-1}$是正交矩阵

二、填空题(每空 3 分,共 24 分)

1. $\begin{vmatrix} a & 1 & 1 \\ 0 & -1 & 0 \\ 4 & a & a \end{vmatrix}>0$ 的充要条件是__________________.

2. 矩阵 $\boldsymbol{A}=\begin{pmatrix} 1 & 1 & 0 \\ 2 & 0 & 4 \\ 2 & 3 & -2 \end{pmatrix}$ 的列向量组的秩为__________.

3. 设矩阵 $\boldsymbol{A}$ 与对角矩阵 $\begin{pmatrix} 2 & & \\ & -1 & \\ & & 4 \end{pmatrix}$ 相似,则 $\boldsymbol{A}$ 的特征值为__________,$|2\boldsymbol{A}|=$__________,$|\boldsymbol{A}^*|=$__________,$|\boldsymbol{A}^2-2\boldsymbol{A}+\boldsymbol{E}|=$__________.

4. 若矩阵 $\boldsymbol{A}=\begin{pmatrix} 1 & -1 & 0 \\ -1 & k & 0 \\ 0 & 0 & 2k^2 \end{pmatrix}$ 是正定矩阵,则 k 满足的条件是__________.

5. 向量 $\boldsymbol{\alpha}=(1,3,-1,2)^{\mathrm{T}}$ 与 $\boldsymbol{\beta}=(-4,2,1,-5)^{\mathrm{T}}$ 的内积 $[\boldsymbol{\alpha},\boldsymbol{\beta}]=$______________.

三、计算题(第 1 题 7 分,第 2 题 8 分,共 15 分)

1. 计算行列式 $D=\begin{vmatrix} 3 & 1 & -1 & 2 \\ -5 & 1 & 3 & -4 \\ 2 & 0 & 1 & -1 \\ 1 & -5 & 3 & -3 \end{vmatrix}$.

2. 设 $\boldsymbol{A}=\begin{pmatrix} 1 & 1 & -1 \\ 0 & 4 & -4 \\ -2 & 2 & 1 \end{pmatrix}$,$\boldsymbol{B}=\begin{pmatrix} 1 & 3 \\ 2 & -6 \\ 1 & 2 \end{pmatrix}$,且满足 $\boldsymbol{AX}=2\boldsymbol{X}+\boldsymbol{B}$,求 $\boldsymbol{X}$.

四、解答题(第 1 题 12 分,第 2 题 12 分,第 3 题 15 分,共 39 分)

1. 求向量组 $\boldsymbol{\alpha}_1=(1,0,2,3)^{\mathrm{T}}$,$\boldsymbol{\alpha}_2=(1,1,3,5)^{\mathrm{T}}$,$\boldsymbol{\alpha}_3=(1,-1,3,1)^{\mathrm{T}}$,$\boldsymbol{\alpha}_4=(1,2,6,7)^{\mathrm{T}}$,$\boldsymbol{\alpha}_5=(1,1,1,5)^{\mathrm{T}}$ 的秩和一个极大无关组,并把其余向量用该极大无关组线性表示.

2. 求线性方程组 $\begin{cases} x_1+x_2+x_3+x_4=2, \\ 2x_1+3x_2+x_3+x_4=1, \\ x_1+2x_3+2x_4=5 \end{cases}$ 的通解.

3. 已知二次型 $f(x_1,x_2,x_3)=x_1^2+2x_2^2+3x_3^2-4x_1x_2-4x_2x_3$，

(1) 写出该二次型的矩阵 $\boldsymbol{A}$，并用 $\boldsymbol{A}$ 把它写成矩阵形式；

(2) 求一个正交变换 $\boldsymbol{x}=\boldsymbol{P}\boldsymbol{y}$，化该二次型为标准形，并写出标准形.

五、证明题(本题 7 分)

设向量组 $\boldsymbol{\alpha}_1,\boldsymbol{\alpha}_2,\boldsymbol{\alpha}_3$线性无关,$\boldsymbol{\beta}_1=\boldsymbol{\alpha}_1-\boldsymbol{\alpha}_2,\boldsymbol{\beta}_2=\boldsymbol{\alpha}_2+2\boldsymbol{\alpha}_3,\boldsymbol{\beta}_3=3\boldsymbol{\alpha}_1-2\boldsymbol{\alpha}_3$,证明:向量组 $\boldsymbol{\beta}_1,\boldsymbol{\beta}_2,\boldsymbol{\beta}_3$ 也线性无关.

班级__________ 姓名__________ 学号__________

模拟试卷 6

一、单项选择题(每题 3 分,共 15 分)

1.当 k 满足(　　)时,$\begin{cases} kx+ky+z=0, \\ 2x+ky+z=0, \\ kx-2y+z=0 \end{cases}$ 只有零解.

A. $k=2$ 或 $k=-2$　　B. $k\neq 2$　　C. $k\neq -2$　　D. $k\neq 2$ 且 $k\neq -2$

2. 若 $\boldsymbol{A}$ 为 n 阶方阵,且 $\boldsymbol{A}^2+\boldsymbol{A}-5\boldsymbol{E}=\boldsymbol{0}$,则 $(\boldsymbol{A}+2\boldsymbol{E})^{-1}=$(　　).

A. $\boldsymbol{A}-\boldsymbol{E}$　　B. $\boldsymbol{E}+\boldsymbol{A}$　　C. $\frac{1}{3}(\boldsymbol{A}-\boldsymbol{E})$　　D. $\frac{1}{3}(\boldsymbol{A}+\boldsymbol{E})$

3. 设 $\boldsymbol{A}$ 为正交矩阵,则下列结论正确的是(　　).

A. $|\boldsymbol{A}|=1$　　B. $|\boldsymbol{A}|=-1$

C. $\boldsymbol{A}$ 为对称矩阵　　D. $\boldsymbol{A}$ 与 $\boldsymbol{A}^{\mathrm{T}}$ 为可交换矩阵

4. 设 $\boldsymbol{\alpha}_1,\boldsymbol{\alpha}_2,\boldsymbol{\alpha}_3,\boldsymbol{\alpha}_4,\boldsymbol{\alpha}_5$ 均为 4 维向量,则下列结论正确的是(　　).

A. $\boldsymbol{\alpha}_1,\boldsymbol{\alpha}_2,\boldsymbol{\alpha}_3,\boldsymbol{\alpha}_4,\boldsymbol{\alpha}_5$ 一定线性无关

B. $\boldsymbol{\alpha}_1,\boldsymbol{\alpha}_2,\boldsymbol{\alpha}_3,\boldsymbol{\alpha}_4,\boldsymbol{\alpha}_5$ 一定线性相关

C. $\boldsymbol{\alpha}_1$ 一定可以由 $\boldsymbol{\alpha}_2,\boldsymbol{\alpha}_3,\boldsymbol{\alpha}_4,\boldsymbol{\alpha}_5$ 线性表示

D. $\boldsymbol{\alpha}_5$ 一定可以由 $\boldsymbol{\alpha}_1,\boldsymbol{\alpha}_2,\boldsymbol{\alpha}_3,\boldsymbol{\alpha}_4$ 线性表示

5. 设 $\boldsymbol{A},\boldsymbol{B}$ 是 n 阶矩阵($n\geqslant 2$),且 $\boldsymbol{AB}=\boldsymbol{O}$,则下列选项一定正确的是(　　).

A. $\boldsymbol{A}=\boldsymbol{O}$ 或 $\boldsymbol{B}=\boldsymbol{O}$

B. $\boldsymbol{B}$ 的每个行向量都是齐次线性方程组 $\boldsymbol{AX}=\boldsymbol{0}$ 的解

C. $\boldsymbol{BA}=\boldsymbol{O}$

D. $R(\boldsymbol{A})+R(\boldsymbol{B})\leqslant n$

二、填空题(每空 3 分,共 24 分)

1. 根据行列式计算 $f(x)=\begin{vmatrix} -1 & 1 & x & x^2 \\ -2 & 0 & 3 & 1 \\ 0 & 1 & -3 & 1 \\ 1 & 1 & -1 & 2 \end{vmatrix}$,则 x^2 的系数为__________.

2. 若四元齐次线性方程组 $\boldsymbol{AX}=\boldsymbol{0}$ 的基础解系只有一个向量,则 $R(\boldsymbol{A})=$__________.

3. 若向量组 $\boldsymbol{\beta}_1,\boldsymbol{\beta}_2,\cdots,\boldsymbol{\beta}_r$ 可由向量组 $\boldsymbol{\alpha}_1,\boldsymbol{\alpha}_2,\cdots,\boldsymbol{\alpha}_s$ 线性表示,且向量组 $\boldsymbol{\beta}_1,\boldsymbol{\beta}_2,\cdots,\boldsymbol{\beta}_r$ 线性无关,则 r 与 s 应满足的关系式为__________.

4. 设矩阵 $\boldsymbol{A}$ 与对角矩阵 $\begin{pmatrix} 1 & & \\ & -2 & \\ & & 2 \end{pmatrix}$ 相似,则 $\boldsymbol{A}^2+\boldsymbol{A}$ 的特征值为__________,$|2\boldsymbol{A}|=$

__________，$|\boldsymbol{A}^*|=$__________，$|\boldsymbol{A}^2+3\boldsymbol{A}+\boldsymbol{E}|=$__________.

5. 若矩阵 $\boldsymbol{A}=\begin{pmatrix}1 & 1 & 0\\ 1 & k & 0\\ 0 & 0 & k^2\end{pmatrix}$ 是正定矩阵，则 k 满足的条件是__________.

三、计算题(第 1 题 7 分，第 2 题 8 分，共 15 分)

1. 计算行列式 $D=\begin{vmatrix}2 & 1 & -1 & 2\\ -1 & 3 & 3 & 4\\ 2 & 1 & 1 & 2\\ 1 & 0 & 3 & -3\end{vmatrix}$.

2. 设 $\boldsymbol{A}=\begin{pmatrix}3 & -1 & -3\\ 2 & 1 & -4\\ -1 & 3 & 4\end{pmatrix}$，$\boldsymbol{B}=\begin{pmatrix}3 & 6\\ 1 & 1\\ 2 & -3\end{pmatrix}$，且满足 $\boldsymbol{AX}=2\boldsymbol{X}+\boldsymbol{B}$，求 $\boldsymbol{X}$.

四、解答题(第 1 题 12 分,第 2 题 12 分,第 3 题 15 分,共 39 分)

1. 求向量组 $\boldsymbol{\alpha}_1=(1,0,1,2)^{\mathrm{T}}$, $\boldsymbol{\alpha}_2=(0,1,1,2)^{\mathrm{T}}$, $\boldsymbol{\alpha}_3=(-1,1,0,3)^{\mathrm{T}}$, $\boldsymbol{\alpha}_4=(1,2,3,15)^{\mathrm{T}}$, $\boldsymbol{\alpha}_5=(1,1,2,4)^{\mathrm{T}}$ 的秩和一个极大无关组,并把其余向量用该极大无关组线性表示.

2. 求线性方程组$\begin{cases} x_1+2x_2+3x_3-x_4=1, \\ x_1+x_2+2x_3+3x_4=1, \\ 3x_1-x_2-x_3-2x_4=-1, \\ 2x_1+3x_2-x_3-52x_4=-6 \end{cases}$的通解.

班级______________ 姓名______________ 学号______________

3. 已知二次型 $f(x_1,x_2,x_3)=x_1^2+2x_2^2+x_3^2-2x_1x_2-2x_2x_3$，

(1) 写出该二次型的矩阵 $\boldsymbol{A}$，并用 $\boldsymbol{A}$ 把它写成矩阵形式；

(2) 求一个正交变换 $\boldsymbol{x}=\boldsymbol{P}\boldsymbol{y}$，化该二次型为标准形，并写出标准形.

五、证明题(本题 7 分)

设 $\mathbf{A}^2=\mathbf{A}$,则 $\mathbf{A}$ 的特征值只能是 0 或 1.

班级______ 姓名______ 学号______

模拟试卷 7

一、单项选择题(每题 3 分,共 15 分)

1. 已知 $\begin{vmatrix} 1 & -1 & x \\ 1 & 0 & y \\ 2 & -1 & z \end{vmatrix}=3$,则 $\begin{vmatrix} x & z-x & -1 \\ z-y & y & -1 \\ -x & -y & 1 \end{vmatrix}=($　　$)$.

A. 0　　B. 3　　C. -9　　D. $x^2+y^2+z^2$

2. 设 $\boldsymbol{A},\boldsymbol{B}$ 均为 n 阶方阵,则(　　).

A. 若 $|\boldsymbol{A}+\boldsymbol{AB}|=0$,则 $|\boldsymbol{A}|=0$ 或 $|\boldsymbol{E}+\boldsymbol{B}|=0$

B. $(\boldsymbol{A}+\boldsymbol{B})^2=\boldsymbol{A}^2+2\boldsymbol{AB}+\boldsymbol{B}^2$

C. 当 $\boldsymbol{AB}=\boldsymbol{O}$ 时,有 $\boldsymbol{A}=\boldsymbol{O}$ 或 $\boldsymbol{B}=\boldsymbol{O}$

D. $(\boldsymbol{AB})^{-1}=\boldsymbol{B}^{-1}\boldsymbol{A}^{-1}$

3. 齐次线性方程组 $\boldsymbol{AX}=\boldsymbol{0}$ 有非零解的充要条件是(　　).

A. $\boldsymbol{A}$ 的列向量组线性相关　　B. $\boldsymbol{A}$ 的行向量组线性相关

C. $\boldsymbol{A}$ 的行向量中有一个为零向量　　D. $\boldsymbol{A}$ 为方阵且其行列式为零

4. 设向量组 $\boldsymbol{\alpha},\boldsymbol{\beta},\boldsymbol{\gamma},\boldsymbol{\delta}$ 线性无关,则向量组(　　).

A. $\boldsymbol{\alpha}+\boldsymbol{\beta},\boldsymbol{\beta}+\boldsymbol{\gamma},\boldsymbol{\gamma}+\boldsymbol{\delta},\boldsymbol{\delta}+\boldsymbol{\alpha}$ 线性无关　　B. $\boldsymbol{\alpha}-\boldsymbol{\beta},\boldsymbol{\beta}-\boldsymbol{\gamma},\boldsymbol{\gamma}-\boldsymbol{\delta},\boldsymbol{\delta}-\boldsymbol{\alpha}$ 线性无关

C. $\boldsymbol{\alpha}+\boldsymbol{\beta},\boldsymbol{\beta}+\boldsymbol{\gamma},\boldsymbol{\gamma}-\boldsymbol{\delta},\boldsymbol{\delta}-\boldsymbol{\alpha}$ 线性无关　　D. $\boldsymbol{\alpha}+\boldsymbol{\beta},\boldsymbol{\beta}+\boldsymbol{\gamma},\boldsymbol{\gamma}+\boldsymbol{\delta},\boldsymbol{\delta}-\boldsymbol{\alpha}$ 线性无关

5. 当满足下列(　　)条件时,矩阵 $\boldsymbol{A}$ 与 $\boldsymbol{B}$ 相似.

A. $|\boldsymbol{A}|=|\boldsymbol{B}|$

B. $\boldsymbol{A}$ 与 $\boldsymbol{B}$ 有相同的特征多项式

C. $R(\boldsymbol{A})=R(\boldsymbol{B})$

D. n 阶矩阵 $\boldsymbol{A}$ 与 $\boldsymbol{B}$ 有相同的特征值且 n 个特征值互不相等

二、填空题(每空 3 分,共 24 分)

1. 在四阶行列式 D 中,第 3 行元素依次为 $2,-1,3,5$,它们的余子式依次为 $3,9,-3,-1$,则 $D=$______.

2. 已知向量组 $\boldsymbol{\alpha}_1=(k,1,1)^{\mathrm{T}},\boldsymbol{\alpha}_2=(1,k,1)^{\mathrm{T}},\boldsymbol{\alpha}_3=(1,1,k)^{\mathrm{T}}$ 的秩为 2,则 $k=$______.

3. 设三阶矩阵 $\boldsymbol{A}$ 有特征值 $\lambda_1=1,\lambda_2=2,\lambda_3=3$,则该矩阵______(填“可以”或“不可以”)相似对角化,此时 $|\boldsymbol{A}|=$______,$||\boldsymbol{A}|\boldsymbol{A}|=$______,$|\boldsymbol{A}-4\boldsymbol{E}|=$______.

4. 已知实二次型 $f(x_1,x_2,x_3)=x_1^2+2x_2^2+8x_3^2+ax_1x_2+4x_2x_3$ 是正定的,则常数 a 的取值范围是______.

5. 设三元非齐次线性方程组 $\boldsymbol{AX}=\boldsymbol{b}$ 的增广矩阵 $(\boldsymbol{A},\boldsymbol{b})$ 经初等行变换可化为

$$(\boldsymbol{A},\boldsymbol{b})=\begin{pmatrix}1 & 0 & 3 & \vdots & -1\\ 0 & 1 & -1 & \vdots & 2\\ 0 & 0 & (k-1)(k+2) & \vdots & k-1\end{pmatrix},$$

若该方程组无解,则常数 $k=$__________.

三、计算题(第 1 题 7 分,第 2 题 8 分,共 15 分)

1. 计算行列式 $D=\begin{vmatrix}5 & 4 & 2 & 1\\ 2 & 3 & 1 & -2\\ -5 & -7 & -3 & 9\\ 1 & -2 & -1 & 4\end{vmatrix}$.

2. 设 $\boldsymbol{A}=\begin{pmatrix}1 & 1 & 2\\ 2 & 2 & 3\\ 4 & 3 & 3\end{pmatrix}$,$\boldsymbol{B}=\begin{pmatrix}1 & 0 & 0\\ 2 & 1 & 1\\ -1 & 2 & 2\end{pmatrix}$,且满足 $\boldsymbol{AX}=\boldsymbol{B}^{\mathrm{T}}$,求 $\boldsymbol{X}$.

班级________ 姓名________ 学号________

四、解答题(第 1 题 12 分,第 2 题 12 分,第 3 题 15 分,共 39 分)

1. 已知向量组 $\boldsymbol{\alpha}_1=(1,1,k)^T$,$\boldsymbol{\alpha}_2=(-1,k,1)^T$,$\boldsymbol{\alpha}_3=(-k,1,-1)^T$,$\boldsymbol{\alpha}_4=(1,4,5)^T$,

(1) 问参数 k 为何值时,$\boldsymbol{\alpha}_1,\boldsymbol{\alpha}_2,\boldsymbol{\alpha}_3$ 为向量组的一个极大线性无关组?

(2) 证明 $k=2$ 时,$\boldsymbol{\alpha}_1,\boldsymbol{\alpha}_2$ 为向量组的一个极大线性无关组,并把 $\boldsymbol{\alpha}_3,\boldsymbol{\alpha}_4$ 用该极大线性无关组表示.

2. 求线性方程组$\begin{cases} x_1+2x_2+3x_3+x_4=3, \\ x_1+4x_2+5x_3+2x_4=2, \\ 2x_1+9x_2+8x_3+3x_4=7, \\ 3x_1+7x_2+7x_3+2x_4=12 \end{cases}$的通解.

3. 已知二次型 $f(x_1,x_2,x_3)=(x_1,x_2,x_3)\begin{pmatrix}2&2&0\\8&2&0\\0&0&6\end{pmatrix}\begin{pmatrix}x_1\\x_2\\x_3\end{pmatrix}$，

(1) 写出该二次型的矩阵 $\boldsymbol{A}$ 并求其秩；

(2) 求一个正交变换 $\boldsymbol{x}=\boldsymbol{P}\boldsymbol{y}$，化该二次型为标准形，并写出标准形.

五、证明题(本题 7 分)

若 $\boldsymbol{A}^2=\boldsymbol{B}^2=\boldsymbol{E}$,且$|\boldsymbol{A}|+|\boldsymbol{B}|=0$,证明 $\boldsymbol{A}+\boldsymbol{B}$ 是不可逆矩阵.

班级______________ 姓名______________ 学号______________

模拟试卷 8

一、单项选择题(每题 3 分,共 15 分)

1. 下列各项中,(　　)为某四阶行列式中带正号的项.

A. $a_{14}a_{23}a_{31}a_{42}$　　B. $a_{11}a_{23}a_{32}a_{44}$　　C. $a_{12}a_{23}a_{34}a_{41}$　　D. $a_{13}a_{24}a_{31}a_{42}$

2. 设 n 阶矩阵 $\boldsymbol{A},\boldsymbol{B}$ 是可交换的,即 $\boldsymbol{AB}=\boldsymbol{BA}$,则下列结论不正确的是(　　).

A. 当 $\boldsymbol{A},\boldsymbol{B}$ 是对称矩阵时,$\boldsymbol{AB}$ 是对称矩阵

B. $(\boldsymbol{A}+\boldsymbol{B})^2=\boldsymbol{A}^2+2\boldsymbol{AB}+\boldsymbol{B}^2$

C. 当 $\boldsymbol{A},\boldsymbol{B}$ 是反对称矩阵时,$\boldsymbol{AB}$ 是反对称矩阵

D. $(\boldsymbol{A}+\boldsymbol{B})(\boldsymbol{A}-\boldsymbol{B})=\boldsymbol{A}^2-\boldsymbol{B}^2$

3. 若非齐次线性方程组 $\boldsymbol{AX}=\boldsymbol{b}$ 中方程的个数少于未知量的个数,则(　　).

A. $\boldsymbol{AX}=\boldsymbol{b}$ 必有无穷多解　　B. $\boldsymbol{AX}=\boldsymbol{0}$ 必有非零解

C. $\boldsymbol{AX}=\boldsymbol{0}$ 仅有零解　　D. $\boldsymbol{AX}=\boldsymbol{b}$ 一定无解

4. 设 n 维向量组 $\boldsymbol{\alpha}_1,\boldsymbol{\alpha}_2,\cdots,\boldsymbol{\alpha}_s$ 的秩为 3,则(　　).

A. $\boldsymbol{\alpha}_1,\boldsymbol{\alpha}_2,\cdots,\boldsymbol{\alpha}_s$ 中任意 3 个向量线性无关

B. $\boldsymbol{\alpha}_1,\boldsymbol{\alpha}_2,\cdots,\boldsymbol{\alpha}_s$ 中无零向量

C. $\boldsymbol{\alpha}_1,\boldsymbol{\alpha}_2,\cdots,\boldsymbol{\alpha}_s$ 中任意 4 个向量线性相关

D. $\boldsymbol{\alpha}_1,\boldsymbol{\alpha}_2,\cdots,\boldsymbol{\alpha}_s$ 中任意两个向量线性无关

5. 设 $\boldsymbol{A}$ 与 $\boldsymbol{B}$ 是两个 n 阶相似矩阵,则下列说法错误的是(　　).

A. $|\boldsymbol{A}|=|\boldsymbol{B}|$　　B. $R(\boldsymbol{A})=R(\boldsymbol{B})$

C. $\lambda\boldsymbol{E}-\boldsymbol{A}=\lambda\boldsymbol{E}-\boldsymbol{B}$　　D. 存在可逆矩阵 $\boldsymbol{P}$,使 $\boldsymbol{P}^{-1}\boldsymbol{AP}=\boldsymbol{B}$

二、填空题(每空 3 分,共 24 分)

1. 已知 $\begin{vmatrix} a_1 & b_1 & c_1 \\ a_2 & b_2 & c_2 \\ a_3 & b_3 & c_3 \end{vmatrix}=m(m\neq 0)$,则 $\begin{vmatrix} 2a_1 & b_1+c_1 & 3c_1 \\ 2a_2 & b_2+c_2 & 3c_2 \\ 2a_3 & b_3+c_3 & 3c_3 \end{vmatrix}=$__________.

2. 已知矩阵 $\boldsymbol{A}=(1,0,-1)$,$\boldsymbol{B}=(2,-1,1)$,且 $\boldsymbol{C}=\boldsymbol{A}^{\mathrm{T}}\boldsymbol{B}$,则 $\boldsymbol{C}^2=$________________.

3. 若向量 $\boldsymbol{\beta}=(-1,1,k)$ 可由向量 $\boldsymbol{\alpha}_1=(1,0,-1)$,$\boldsymbol{\alpha}_2=(1,-2,-1)$ 线性表示,则数 $k=$__________.

4. 设矩阵 $\boldsymbol{A}$ 与对角矩阵 $\begin{pmatrix} 2 & & \\ & -1 & \\ & & 1 \end{pmatrix}$ 相似,则 $\boldsymbol{A}^2+\boldsymbol{E}$ 的特征值为__________,$|2\boldsymbol{A}|=$__________,$|\boldsymbol{A}^*|=$__________,$|\boldsymbol{A}^2+3\boldsymbol{A}+\boldsymbol{E}|=$__________.

5. 已知实二次型 $f(x_1,x_2,x_3)=2x_1^2+x_2^2+3x_3^2+2\lambda x_1x_2+2x_1x_3$ 是正定二次型,则参数 λ 的取值范围为__________.

三、计算题(第 1 题 7 分,第 2 题 8 分,共 15 分)

1. 计算行列式 $D=\begin{vmatrix} 2 & -5 & 1 & 2 \\ -3 & 7 & -1 & 4 \\ 5 & -9 & 2 & 7 \\ 4 & -6 & 1 & 2 \end{vmatrix}$.

2. 设 $\boldsymbol{A}=\begin{pmatrix} 4 & 2 & 1 \\ 2 & 2 & 0 \\ 1 & 0 & 1 \end{pmatrix}$,$\boldsymbol{B}=\begin{pmatrix} 1 & 0 & 0 \\ 2 & 1 & 0 \\ 3 & 2 & 1 \end{pmatrix}$,且满足 $\boldsymbol{AX}=\boldsymbol{B}+\boldsymbol{X}$,求 $\boldsymbol{X}$.

班级______________ 姓名______________ 学号______________

四、解答题(第 1 题 12 分,第 2 题 12 分,第 3 题 15 分,共 39 分)

1. 求向量组 $\boldsymbol{\alpha}_1=(1,3,0,5)^{\mathrm{T}}$, $\boldsymbol{\alpha}_2=(1,2,1,4)^{\mathrm{T}}$, $\boldsymbol{\alpha}_3=(1,1,2,3)^{\mathrm{T}}$, $\boldsymbol{\alpha}_4=(1,-3,6,-1)^{\mathrm{T}}$,$\boldsymbol{\alpha}_5=(1,0,3,2)^{\mathrm{T}}$ 的秩和一个极大无关组,并把其余向量用该极大无关组线性表示.

2. 求线性方程组$\begin{cases}x_1+x_2=5,\\2x_1+x_2+x_3+2x_4=1,\\5x_1+3x_2+2x_3+2x_4=3\end{cases}$的通解.

3. 已知二次型 $f(x_1,x_2,x_3)=(x_1,x_2,x_3)\begin{pmatrix}1 & -4 & -1\\ 2 & 0 & -4\\ 1 & 2 & 1\end{pmatrix}\begin{pmatrix}x_1\\ x_2\\ x_3\end{pmatrix}$,

(1) 写出该二次型的矩阵 $\boldsymbol{A}$,并求其秩;

(2) 求一个正交变换 $\boldsymbol{x}=\boldsymbol{P}\boldsymbol{y}$,化该二次型为标准形,并写出标准形.

五、证明题(本题 7 分)

设 n 阶矩阵 $\boldsymbol{A},\boldsymbol{B}$ 满足 $\boldsymbol{AB}=\boldsymbol{A}+\boldsymbol{B}$,证明:$\boldsymbol{AB}=\boldsymbol{BA}$.